钩织步骤全图解收藏版

钩出超可爱迷你小玩偶精选集

日本美创出版 编著　何凝一 译

由日本美创出版社出版的“可爱钩针编织系列”深受广大手工爱好者的喜爱，本书将该系列在读者中人气颇高的钩针玩偶作品整理成册，请您好好欣赏再次编辑的精选珍藏版吧！

南海出版公司
2019 · 海口

目　录

PART 4 ······ p30

换装动物

* 重点课程中，为了使解说更清晰明了，图片步骤中特意更换了线的粗细和颜色。

* 印刷物的关系，编织线的颜色多少会存在偏差。

重点课程

91 图片 p31、33 ✿ 披肩的钩织方法

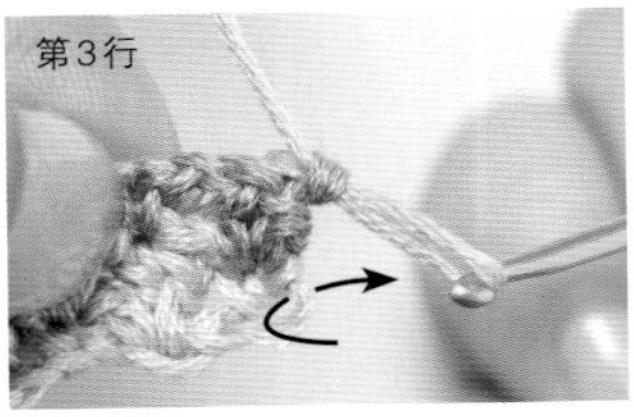

1 钩织完第1、2行后，将锁针拉至箭头的位置，针头插入箭头所示的针脚中，挂线后引拔抽出。

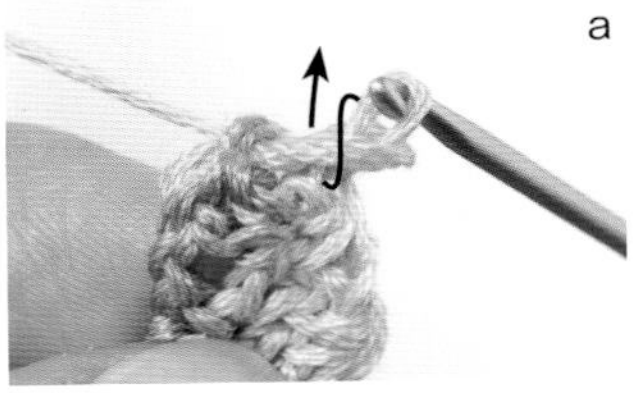

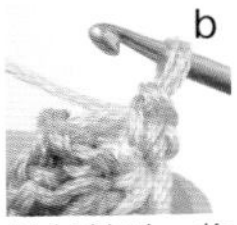

2 将步骤1拉长的编织线包住，在第1、2行的顶端织入短针（a）。钩织第2行顶端的1针长针时，将针脚成束挑起，包住后继续钩织（b）。

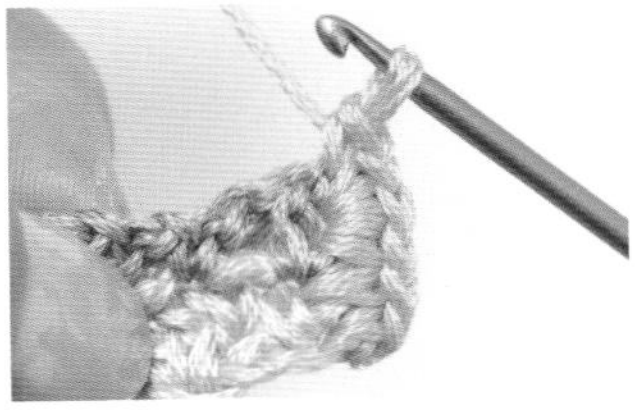

3 钩织完6针短针后如图。顶端形成漂亮工整的针脚。

4 参照记号图钩织至左端，剪断线后继续钩织绳带部分和花边。

92 图片 p31、33 ✿ 花样的钩织方法 ※裙摆部分的第4～6行。

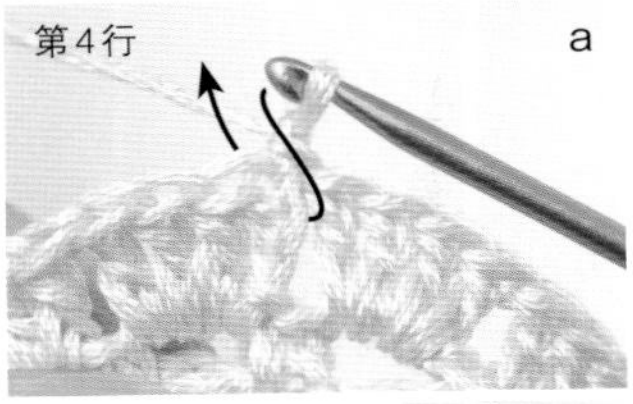

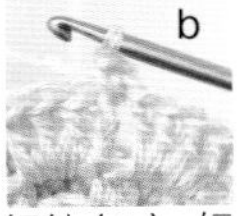

1 钩织1针立起的锁针，按照箭头所示，将钩针往回插入上一行的2个长针之间，织入短针（a）。短针钩织完成后如图（b）。

2 重复织入"1针短针、4针锁针"，第4行钩织完成后如图（a）。继续钩织完第5行后如图（b）。

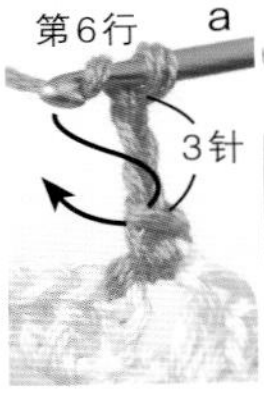

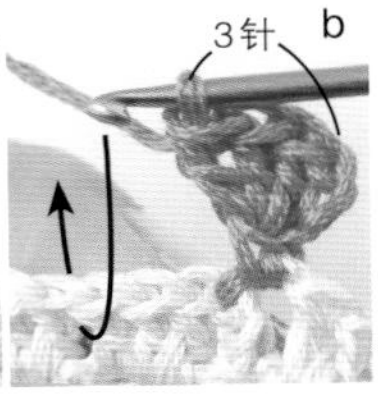

3 按照步骤1的方法，将钩针插入2针长针之间，织入短针，再钩织3针锁针。然后在针上挂线，按照箭头所示将钩针插入短针的针脚中，织入3针长针（a）。钩织完3针短针后如图（b）。

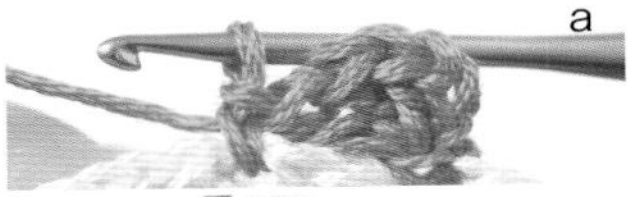

4 第6行钩织完2次短针，之后均按照步骤1的方法将钩针插入2针长针之间再钩织（a）。钩织完4个花样后如图（b）。

98、99 图片 p36、37 ✿ 山羊四肢、身体的钩织方法

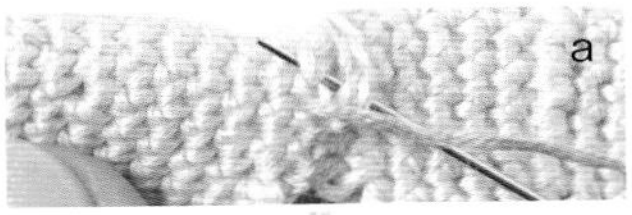

1 钩织两条腿，腿部（正面）最终行的5个针脚相接后用卷针缝合（a）。卷缝缝合后如图（b）。

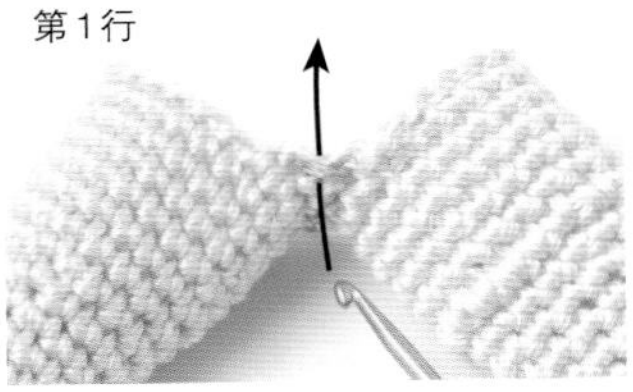

2 按箭头所示，将钩针插入步骤1卷缝好的针脚中，挂线后引拔抽出，再织入1针短针。

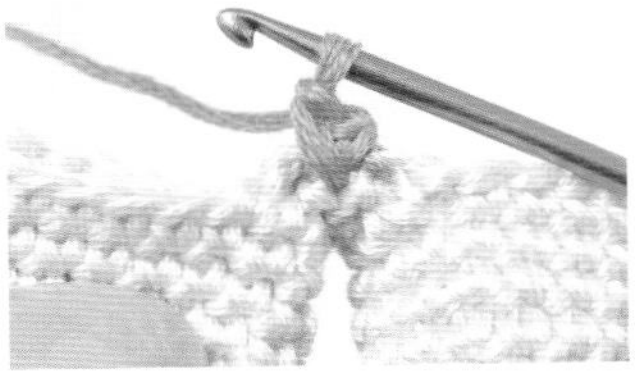

3 钩织完1针短针后如图。接着再在两条腿处用短针（32针）钩织一圈。但第17针短针也需要按照步骤2的方法在卷缝好的针脚中钩织。

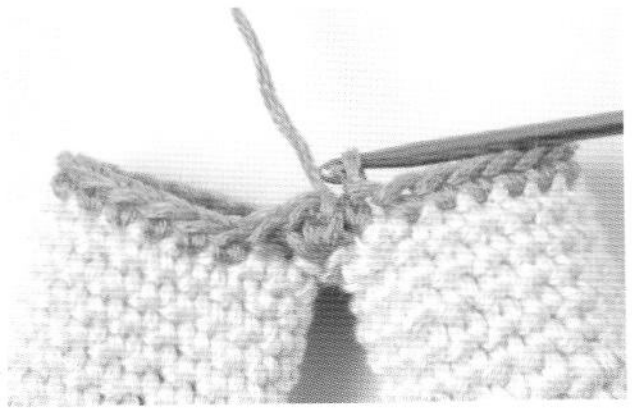

4 身体的第1行钩织完成。从第2行开始，无须钩织立起的针脚，按照记号图用短针钩织出旋涡状（参照p95）。

5 钩织至身体的第3行后如图。接着在中途减针，一圈一圈钩织至第23行。

100、101 图片 p36、37 ✿ 外套袖子的钩织方法

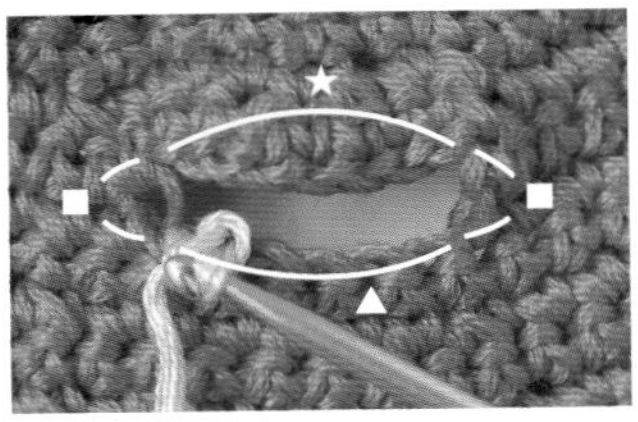

1 从袖口的位置挑针，钩织袖子。从□处开始逐一挑针，从☆处挑9针，从△处挑5针，共计挑16针。

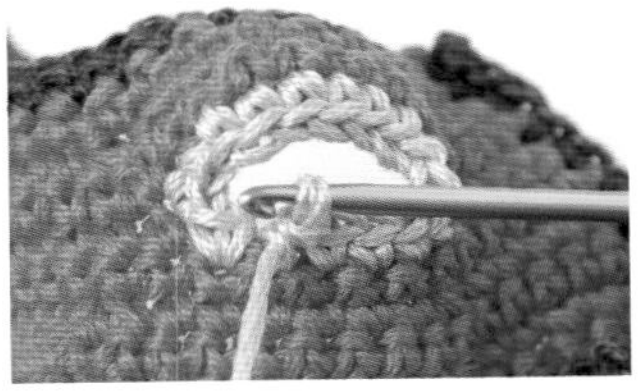

2 挑完一圈后如图。从第2行开始，无须钩织立起的针脚，按照记号图用短针钩织出旋涡状（参照p95）。

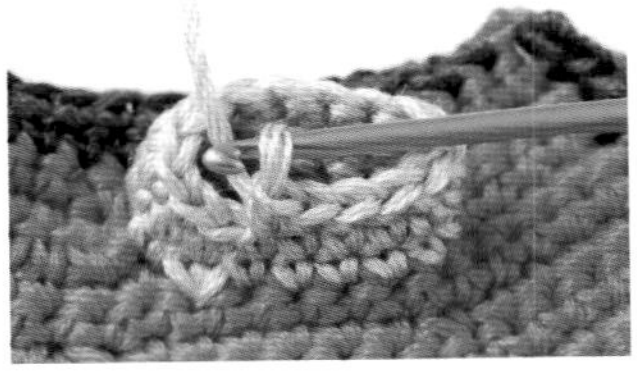

3 第2行钩织完成后如图。接着再无加减针一圈一圈钩织至第11行。

✿ 在外袖口的引拔针处钩织出线条的方法

1 钩针插入袖口的第10行中，挂线后引拔抽出，织入针脚。

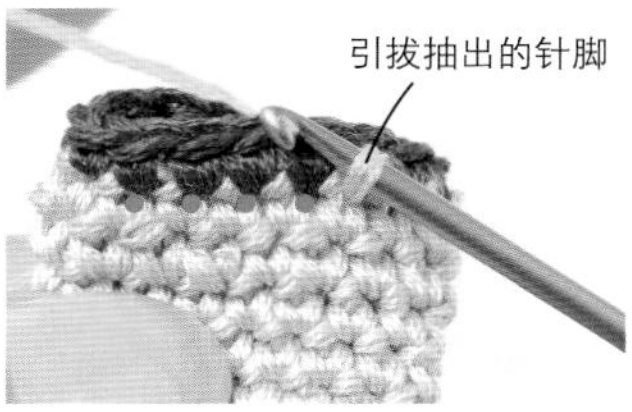

2 将钩针逐一插入●印记的针脚中，织入引拔针。

3 针上挂线，一次性引拔抽出。

4 钩织完5针后如图。如此钩织完一圈引拔针的线条。引拔钩织时，注意不要钩到其他针脚。

110、111 图片 p40、41 ✿ 刺猬刺的钩织方法

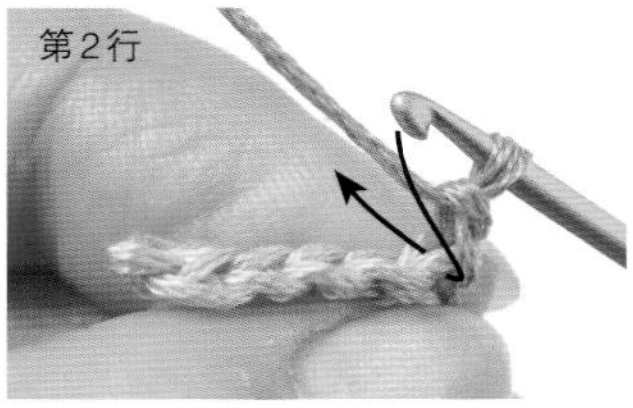

1 织入5针锁针，第1行钩织5针短针。第2行先织入1针立起的锁针，然后按照箭头所示，将第1行内侧的半针挑起，织入引拔针。

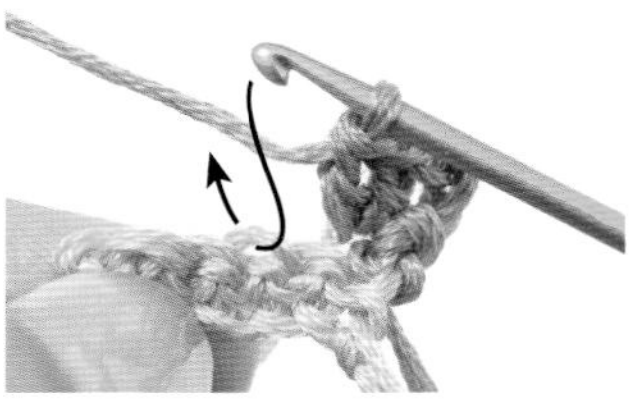

2 按照步骤1的方法，在同一内侧半针处织入3针锁针、2针长针，再按照箭头所示，将内侧的半针挑起，织入引拔针。

3 再次按照步骤2钩织。第2行钩织完成后如图。

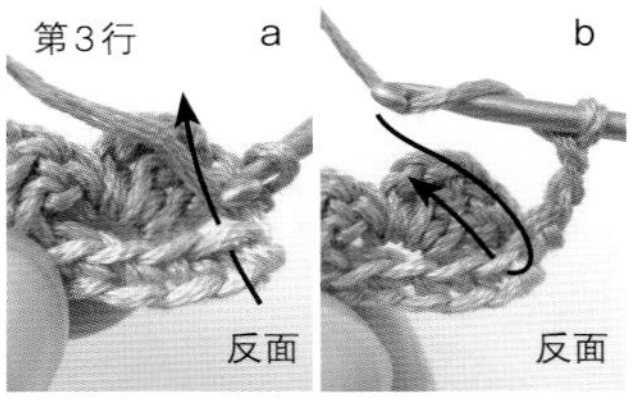

4 翻转织片，按照箭头所示，将钩针插入步骤3引拔钩织后剩余的内侧半针中，再次引拔钩织，参照记号图织入3针立起的锁针（a）。钩织完3针锁针后如图（b）。然后按照箭头所示插入钩针，在第1行剩余的内侧半针处织入长针。

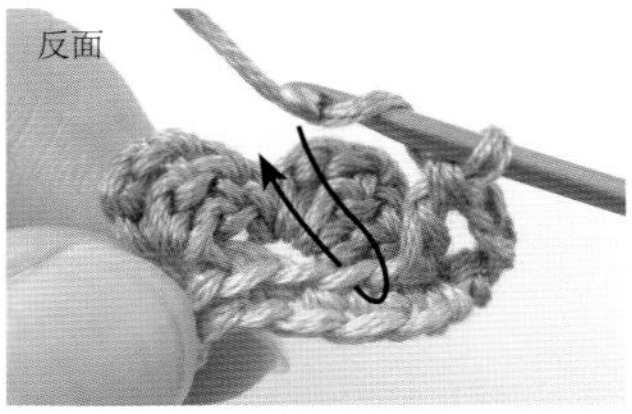

5 按照步骤4的方法，如箭头所示插入钩针，钩织长针。

6 钩织完第3行的7针长针后如图。

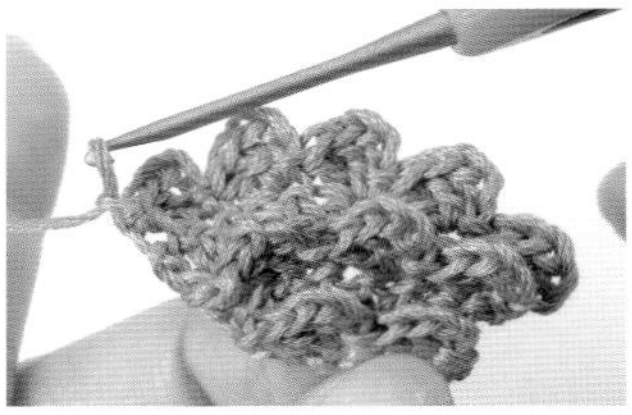

7 参照记号图，按照第2、3行的要领织入指定的行数。钩织至第6行后如图。

8 将偶数行的花样倒向内侧，继续钩织。

✿ 刺猬脚掌的钩织方法

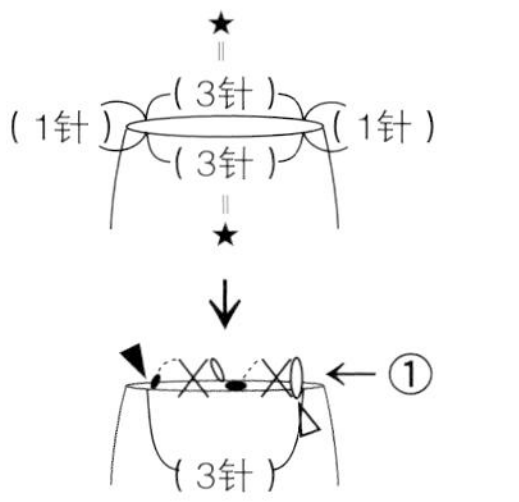

※两块织片的★处重叠后钩织。

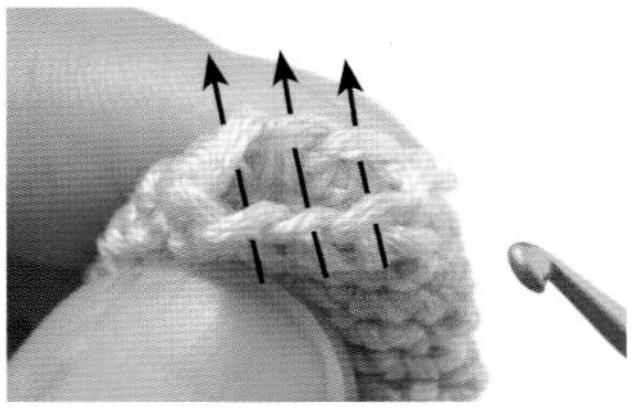

1 在四肢起针锁针剩余的半针处继续钩织脚掌。

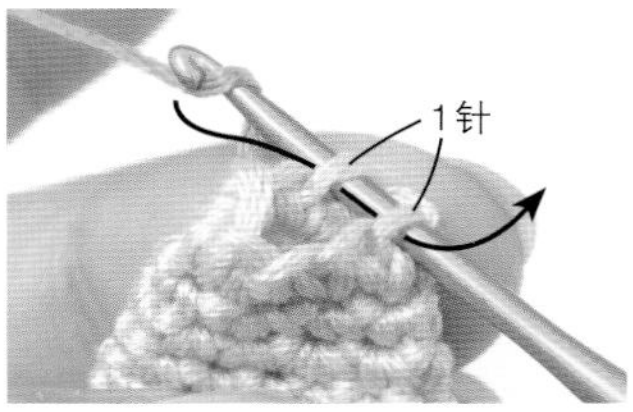

2 织片对折，逐一挑起针脚，共计挑2针。然后按记号图钩织脚掌。

3 脚掌钩织完成后如图。

16～18 图片 p13 ✿ 腊肠犬的拼接方法

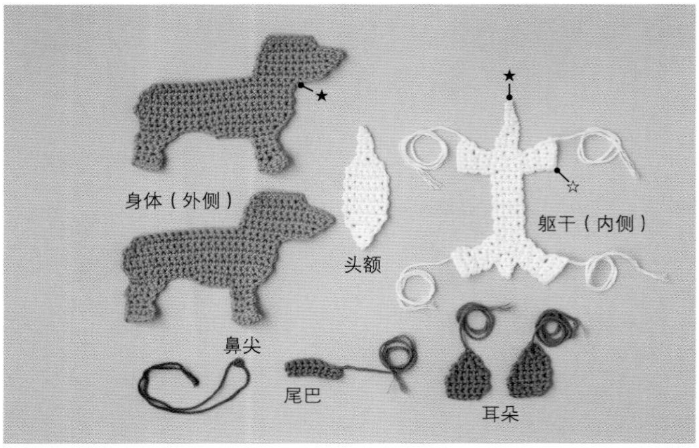

1 参照图示钩织各部分。躯干（内侧）、耳朵、尾巴、鼻尖的线头之后还会用于缝合，所以事先要留长一些。

<躯干（外侧、内侧）缝合>
各部分用卷缝缝合的方法处理

2 编织线穿入缝纫针，首先将缝纫针穿入躯干（外侧）和躯干（内侧）的下颚（步骤1图片的★印记处），从左前肢开始缝合。

3 顶端的针脚拆分开，插入缝纫针，继续缝合。起点处的线头之后也会用于缝合下颚部分，最好留长一些。

4 注意保持织片的平整和整体平衡，针脚的间距要小一些。

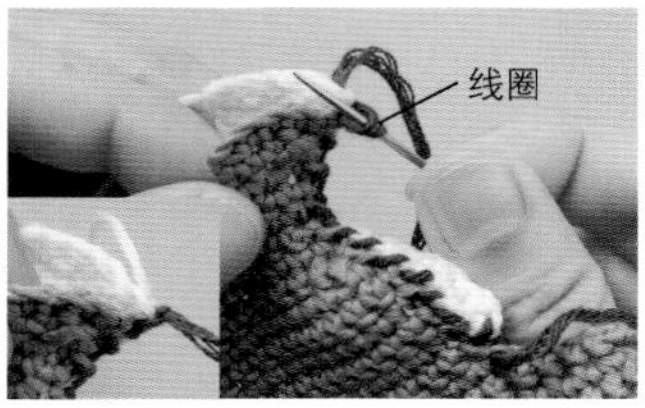

5 缝合至脚掌处，在最后的同一针脚中穿2次针，制作出线圈。然后将缝纫针穿入线圈中，收紧后如图。

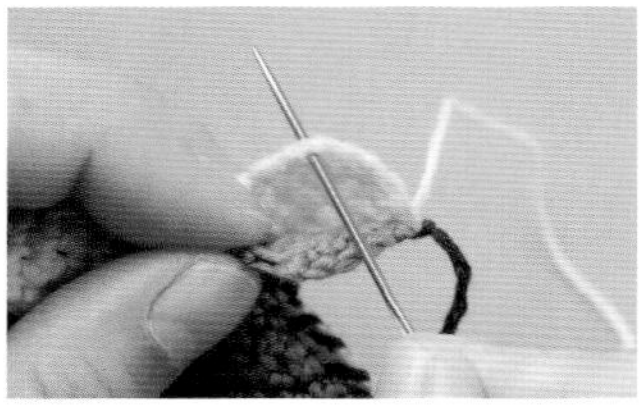

6 脚底部分不需要卷缝，所以先跳过脚底部分，将缝衣针插入步骤1图片的☆印记处，穿引缝纫线。脚底的后面需要塞入填充棉，暂时留出不缝。

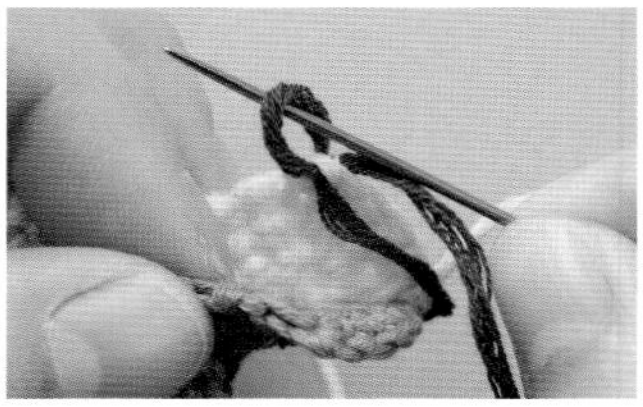

7 按照作品5的方法，在同一针脚穿2次针，制作出线圈。然后再将缝纫针穿入线圈中，收紧。注意渡线不要缠在一起。

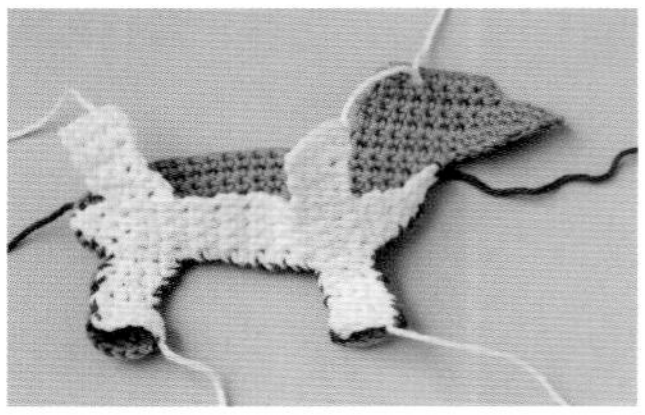

8 外侧躯干和内侧躯干的左半部分缝合后如图。

9 另一块躯干（外侧）也用同样的方法缝合。右半部分缝合后如图。

<缝合下颚、头额>

1 用步骤5留出的线头缝合下颚。

2 缝合头额。

3 左半部分缝完，继续缝右半部分，如图。

<缝合背部，塞入填充棉后缝合>

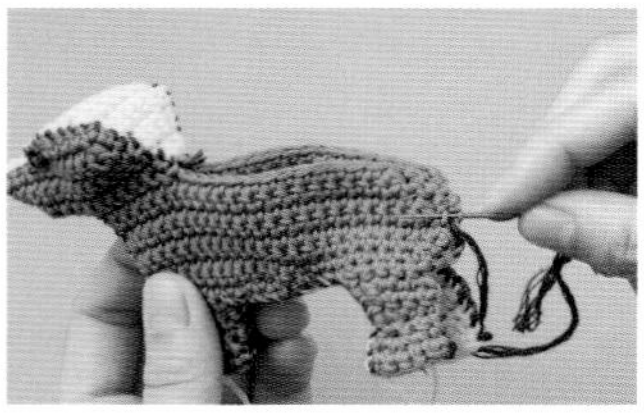

1 继续缝合背部。

2 中途塞入填充棉。关键是要多塞入一些填充棉，使形状看起来更饱满、漂亮。

3 缝纫针插到里面，将填充棉移动到鼻尖，为鼻尖也塞满填充棉。

* 为了便于说明，图片步骤解说中更换了线的粗细、颜色。

4 塞好填充棉后缝合背部，处理好线头。将线头藏到填充棉中后再剪断，防止针脚散开。

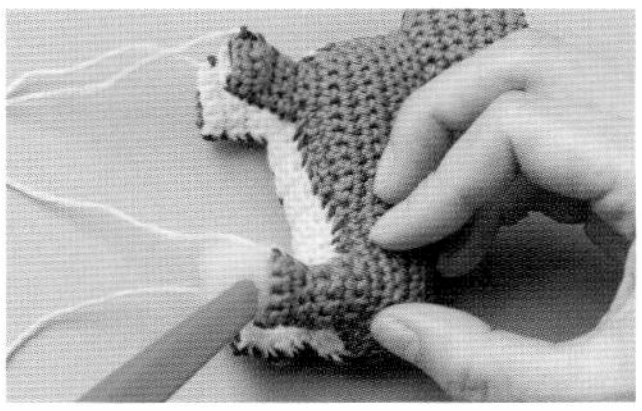

5 从脚底的开口处往四肢塞入填充棉。用钩针手柄等棒状工具操作会很方便。

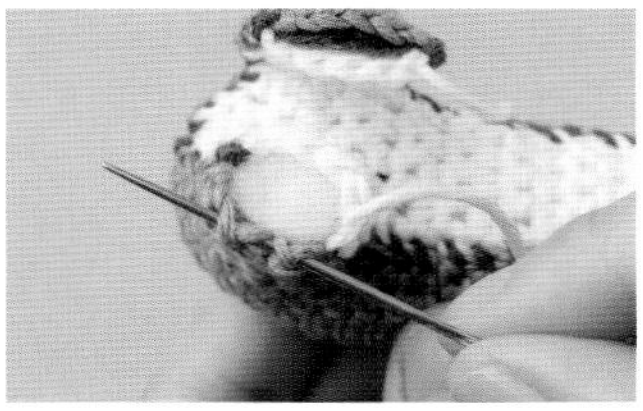

6 钩织躯干（内侧）时，将留好的线头穿入缝纫针中，按照将开口处的外侧半针挑起的要领挑一圈。

7 用力拉紧线头，处理好线头。四肢都用同样的方法缝好。

8 缝纫针插入中间，移动填充棉，调整形状，露出脚尖。

9 躯干与头制作完成后如图。

<拼接尾巴、耳朵>

1 将p6步骤1图片中所准备的尾巴织片对折，缝合后再缝到屁股上。

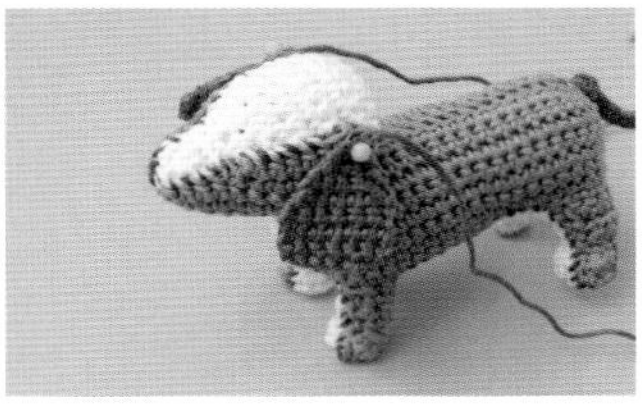

2 耳朵用绷针暂时固定到拼接耳朵的位置，确认好左右平衡。

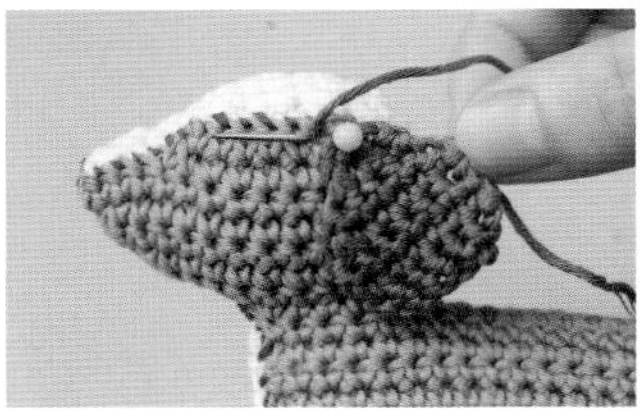

3 选好位置后，缝上耳朵。

<缝好鼻尖，绣出嘴巴>

1 用绷针固定后，缝上鼻尖。（※为了便于说明，鼻尖的颜色与p6步骤1中鼻尖的颜色进行了更换。）

2 刺绣完成。

<缝眼睛（固眼）>

1 绷针插入拼接眼睛的位置，确认好左右平衡。

2 选好位置后，用缝纫针等拉大针脚孔，使固眼的底部可以插入其中。

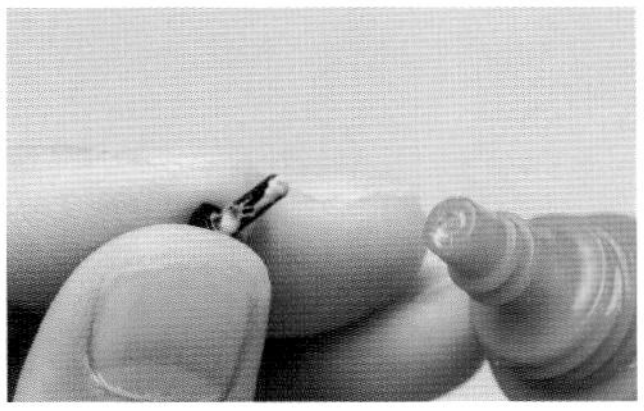

3 固眼的底部涂上黏合剂。

4 插入固眼。

5 腊肠犬完成。

PART 1 可爱的动物

大家都喜爱的小熊、兔子、小狗。
只要看到它们可爱的表情，心情就会变好。
找到自己喜欢的小动物，试着钩一下吧！

小熊

制作方法 1 ~ 6……p52

制作、设计／Oka Mariko

一款时尚的小熊，还可享受换装的乐趣。

轻盈的步伐，
多变的造型，
四肢可以随意摆弄。

领巾、背心、拼接领，
今天搭哪一件呢……

10

9

8

7

✿ 小熊

制作方法 7 ～ 10……p49

制作、设计／Oka Mariko

柔软的身体，可爱的外形。
记得给怕冷的白熊系上一条围巾哦。

不同颜色的条纹 T 恤，
可以和好朋友一起穿。

还可以用作手提包的挂链，
外出时随身携带。

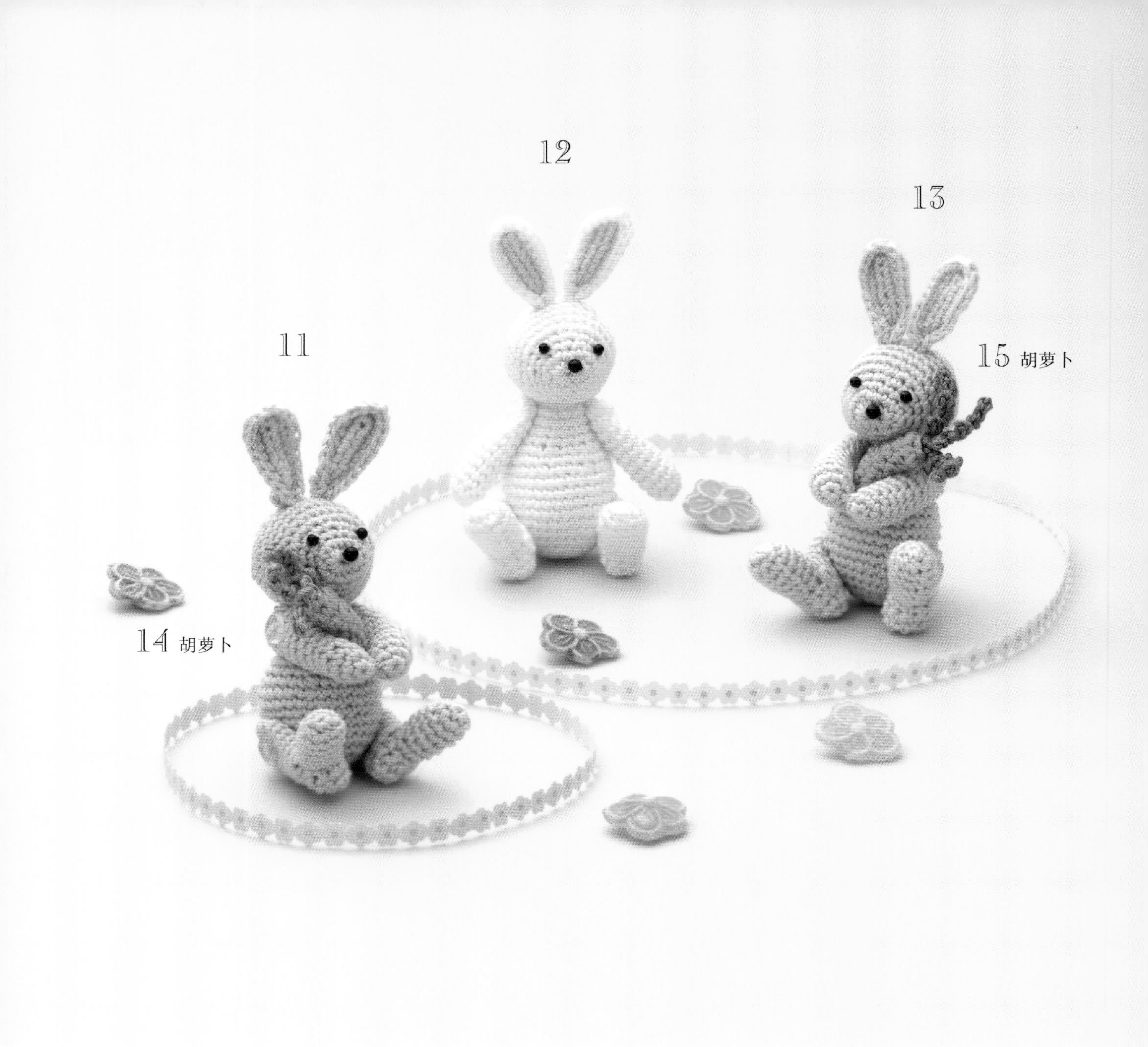

✿ 兔子

制作方法 11 ～ 15……p54

制作、设计／Oka Mariko

活泼开朗的兔子们收获了大大的胡萝卜，
心情十分愉快，赶紧抱着回家吧！

为胡萝卜换色之后，
变换成不同的种类。

18

19 骨头

16

🌸 腊肠犬

制作方法 16 ～ 19……p51
重点课程 16 ～ 18……p6
制作、设计／Omachi Maki

精力满满的三兄弟在公园里疯跑。
再给它们钩一根零食骨头吧！

玩累了，
差不多回家吧！
背影看起来也很可爱呦。

PART 2 神奇动物园

动物园的人气动物大集合！
不拘泥于原有的配色，可以用自己喜欢的颜色随意搭配，
建造一座属于自己的动物园！

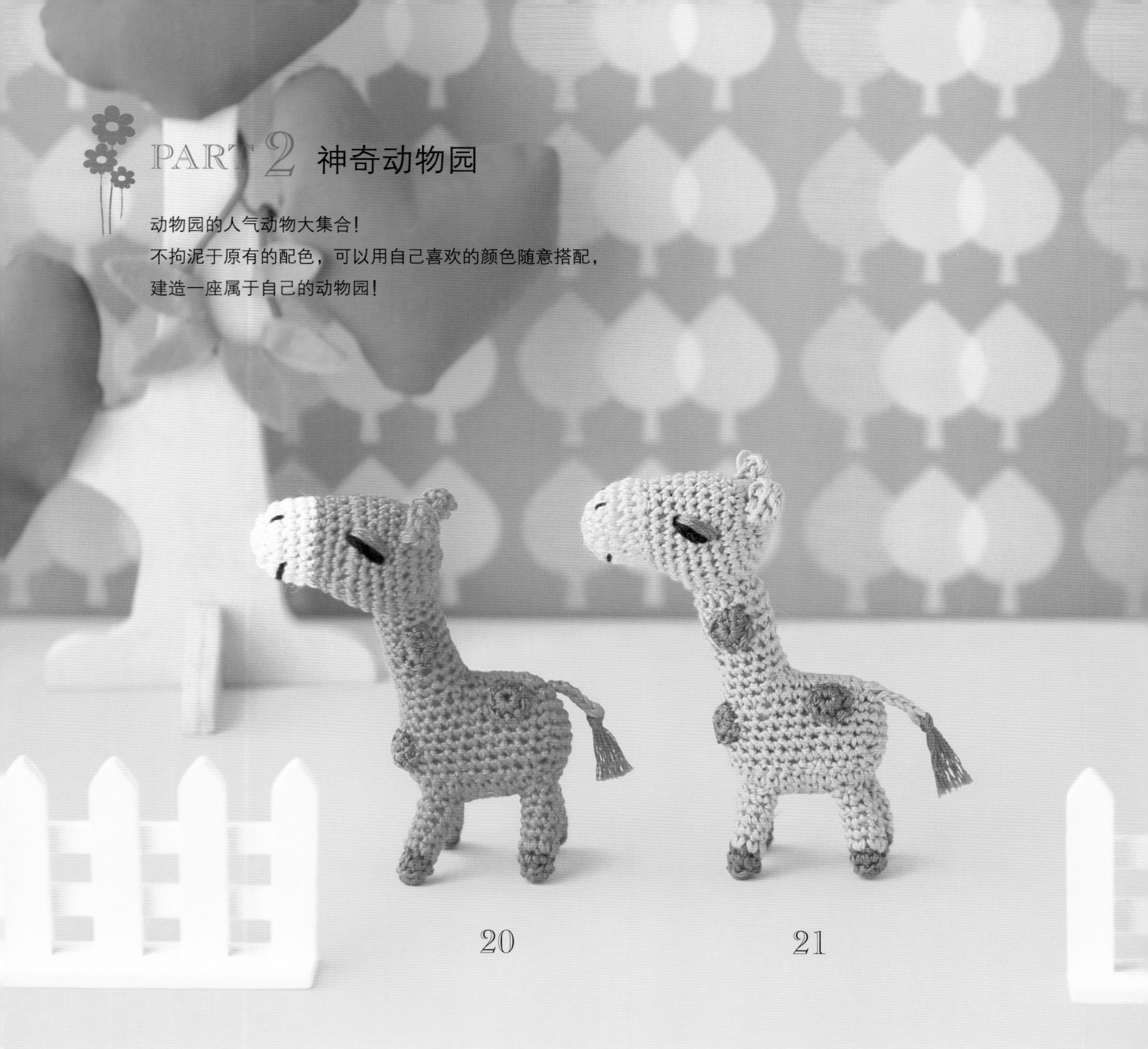

20　　21

长颈鹿

制作方法 20 ～ 23……p56

制作、设计／武田浩子

表情温柔、外形可爱的长颈鹿们。
挺拔的身姿也透着萌态，
鲜艳的粉色和蓝色让人眼前一亮。

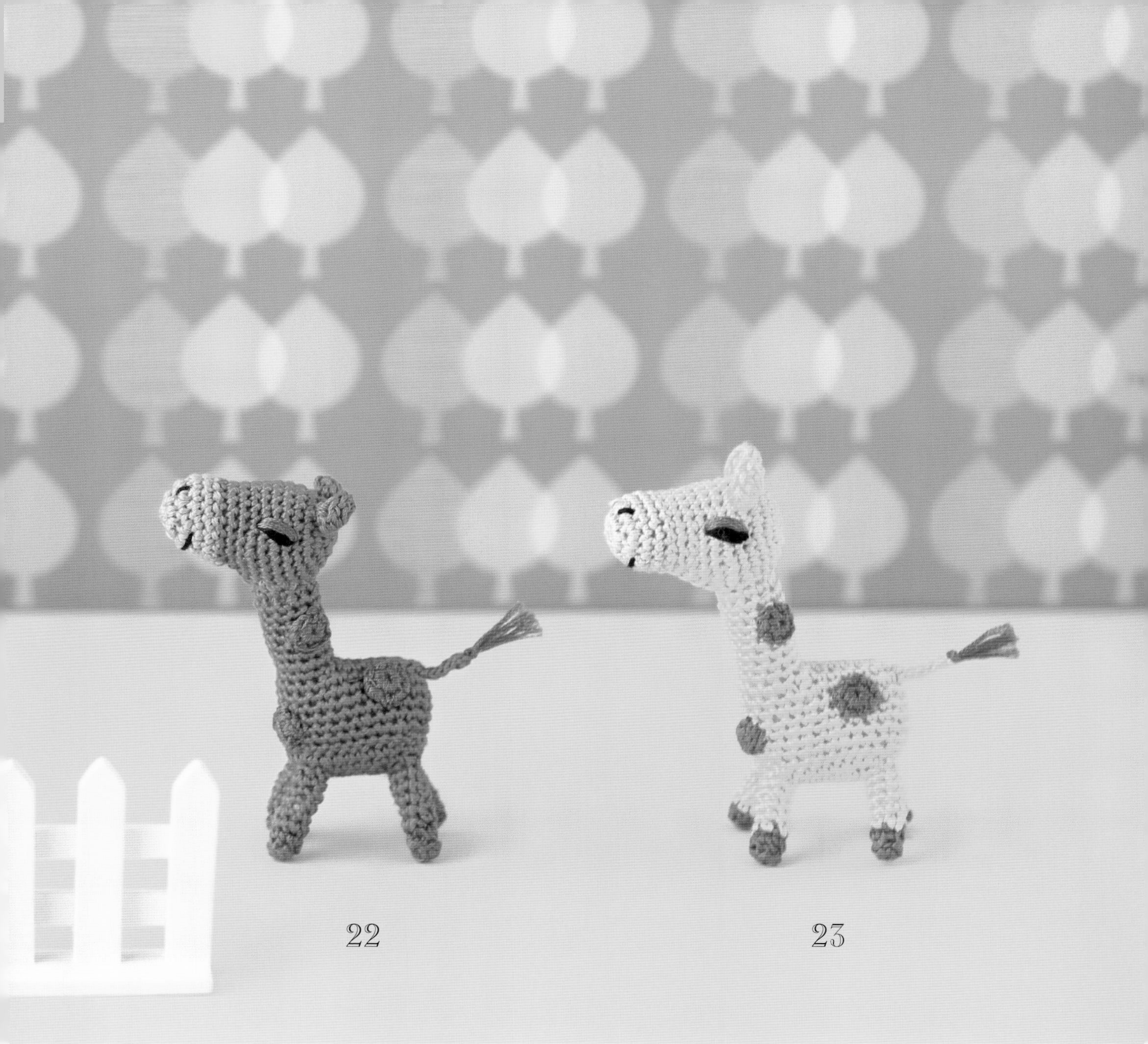
22
23

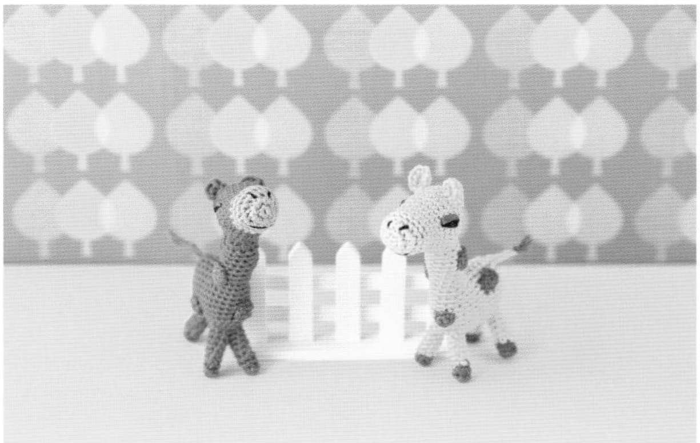

猴子

制作方法 24～26……p58
制作、设计／武田浩子

又圆又粉的脸颊，十分招人喜爱。
侧坐的样子让人忍不住想抱一抱，
弯弯曲曲的尾巴很是迷人。

松鼠、小熊、长颈鹿、大象

制作方法 27、28……p59　29 ～ 32……p60　33 ～ 35……p61

制作、设计／Matsumoto Kaoru

宛如绘本中登场的动物，配色明亮。
可以用作胸针或徽章。

27　28

29　30

31　32

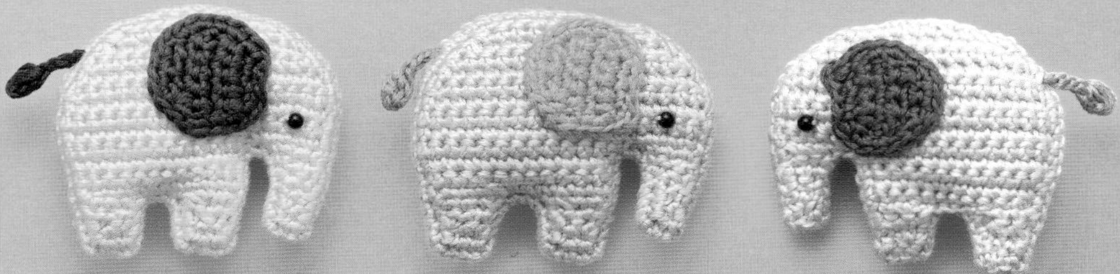

33　34　35

✿ 北极熊

制作方法 36 ～ 39……p62

制作、设计／武田浩子

拥有大鼻子的北极熊，神态可爱。
红苹果、蓝围巾和白色的身躯相互映衬。

与金属配件拼接，制作成钥匙扣。拼接方法参照 p96。

鳄鱼

制作方法 40 ～ 44……p64

制作、设计／今村曜子

大嘴巴、锋利的牙齿，
鳄鱼是当之无愧的水边王者。
即便只是钩织物，也显得凶猛异常！

✿ 乌龟

制作方法 45 ～ 49……p66

制作、设计／今村曜子

悠然自得的乌龟，拥有值得炫耀的漂亮龟甲。
用喜欢的颜色钩织出
属于自己的幸运花样吧！

PART 3 人见人爱的鸟儿

圆润的外形，乖巧可爱。

用刺绣线特有的色彩钩一只自己喜欢的小鸟吧！

鹦鹉

制作方法 50～58……p67

制作、设计／Omachi Maki

五颜六色的鸟儿们仿佛在进行一场选美比赛。

让人不禁被眼前的缤纷色彩所吸引。

55
56
57
58

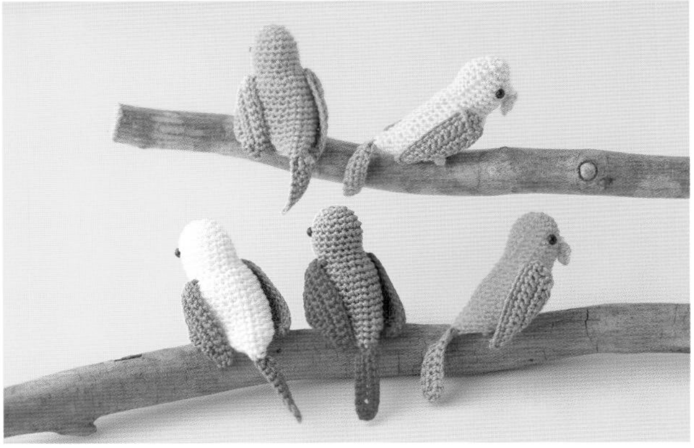

企鹅

制作方法 59 ~ 64……p69

制作、设计／Omachi Maki

小企鹅微微直起来的身姿十分可爱。
与金属配件拼接，
做成钥匙链也是不错的选择。

62 63 64

鸭子

制作方法 65 ～ 69……p70
重点课程 69……p48
制作、设计／Oka Mariko

打扮时尚的鸭子夫人正在招待朋友，
一起享受悠闲的下午茶时光。

栩栩如生的鸭子，一定会让人信以为真。
花样精致的披肩，可以试看用自己喜欢的配色钩织。

65 三角头巾

66 披肩

67 三角头巾

69

68 披肩

鹦鹉

制作方法 70 ～ 77……p72
制作、设计／今村曜子

喜欢时尚的鹦鹉们相互展示着自己中意的披肩。
戴上高礼帽和蝴蝶结领带，立刻变身儒雅的绅士！

70
高礼帽

71
蝴蝶结领带

用喜欢的颜色钩织鹦鹉，享受配色的乐趣。
披肩的花样各不相同，
先选一条自己中意的披肩试试吧。

72

75 披肩

73

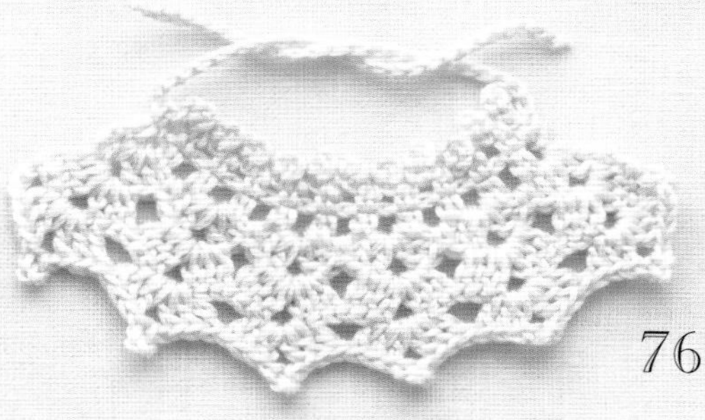

76 披肩

74

77 披肩

PART 4 换装动物

衣服、配饰，各种款式都钩织一些，
为热衷于时尚的动物们打扮一下吧，光是想想都觉得开心。
还可以作为礼物送给喜欢玩偶的小朋友哦！

森林里的伙伴们

大家一起在森林里散步。
今天去哪里呢？
小熊还热心地给小猫带路呢！

小兔子与小狗手牵手，心情愉快地散着步。
身穿漂亮裙子的小猪走累了，坐在树桩上休息一会儿……

✿ 小猫、小熊

制作方法 78、79……p74　83 ～ 86……p77

制作、设计／Oka Mariko

作品78 ～ 82的动物钩织图相同，而且服饰可以随意更换。
让谁穿比较好呢?
好犹豫……

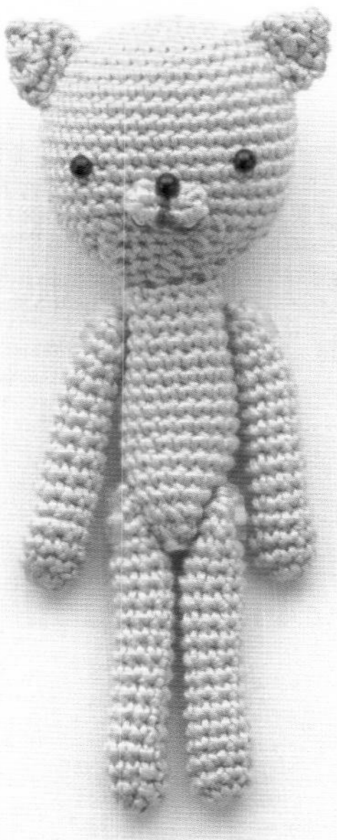

78
小猫

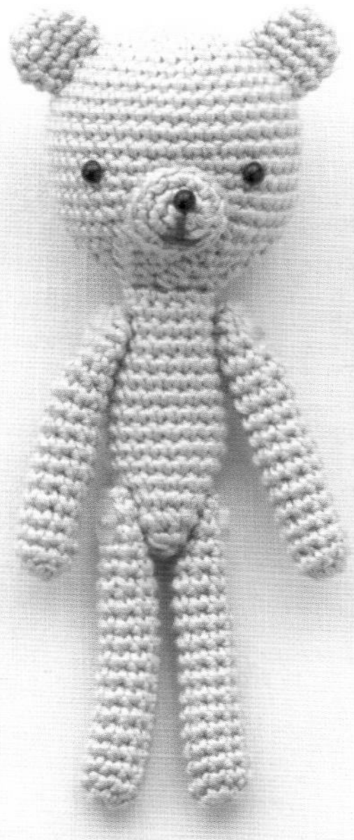

79
小熊

83
嵌入花样的毛衣

85
背心

84
短裙

86
裤子

✿ 小兔子、小狗、小猪

制作方法 80 ～ 82……p74　87 ～ 92……p78

重点课程 91……p4　92……p4

制作、设计／Oka Mariko

作品83和89的毛衣采用背部纽扣的设计，方便换装。
用不同的颜色钩织出喜欢的衣服，
轻松搭配出完美的造型。

80 小兔子

81 小狗

82 小猪

87 连衣裙

88 挎包

89 毛衣

90 背带裤

91 披肩

92 裙子

✿ 猪阿姨

制作方法 93 ～ 97……p80
重点课程 93、94……p76
制作、设计／藤田智子

喜欢干净的两位猪阿姨正在笑盈盈地打扫房间，
系上围裙，把家里打扫得一尘不染。

打扫完之后再洗衣服，
接下来就可以休息一会儿了吧……

山羊邮递员

制作方法 98 ～ 101……p82　102 ～ 105……p57
重点课程 98、99……p4　100、101……p4、5
制作、设计／Matsumoto Kaoru

黑山羊和白山羊今天依旧是一起去送信。
重要的信件都放在带有邮政标记的单肩挎包里，
送至远方的收信人处。

别忘了山羊的短尾巴哦。
外套用子母扣固定，换装时更轻松。

98

99

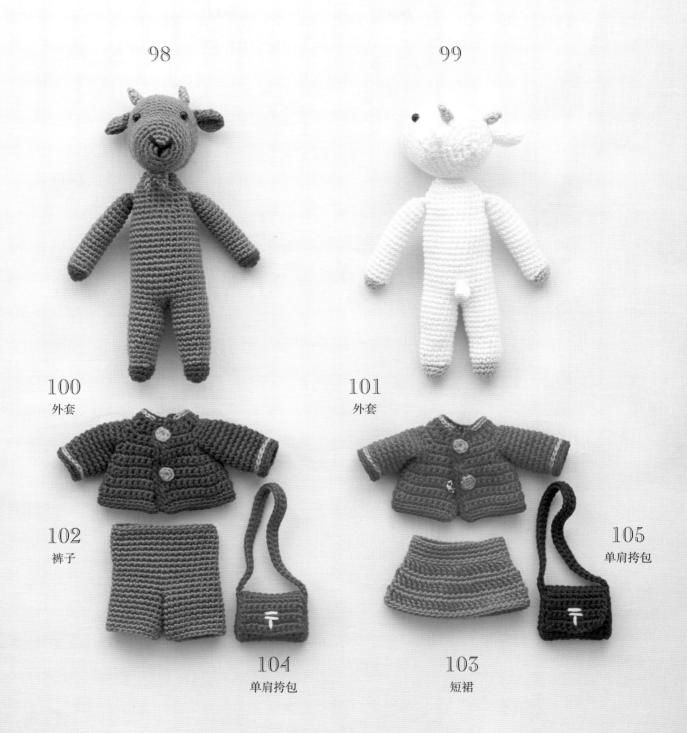

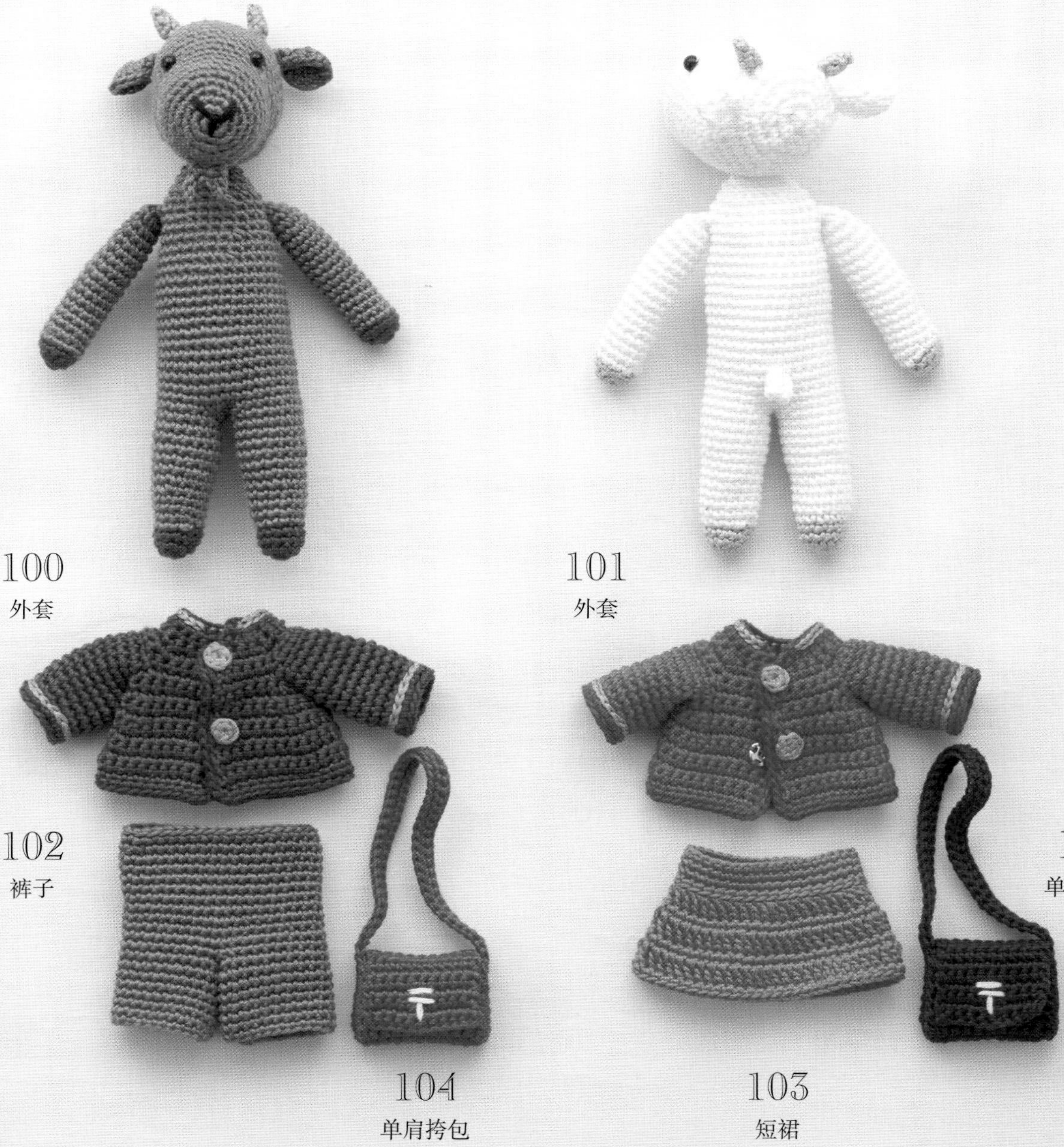

100
外套

101
外套

102
裤子

105
单肩挎包

104
单肩挎包

103
短裙

✿ 毛驴好兄弟

制作方法 106 ～ 109……p84

制作、设计／今村曜子

虽然表情漠然，但是朴实又可爱。
你知道毛驴好兄弟正在庭院里说着什么悄悄话吗?
彩色的背心看起来真暖和。

进家之后，把背心脱下来，舒舒服服地休息一会儿。
四肢用纽扣固定，弯曲四肢后坐在地上的样子也憨态可掬。

108
背心

109
背心

106

107

✿ 画画的刺猬

制作方法 100 ~ 113……p86

重点课程 100、111……p5

制作、设计／Matsumoto Kaoru

表情呆萌的刺猬是位画画高手。
轻轻戴在头上的贝雷帽为它增添了几分俏皮。

先钩织刺猬的主体，然后再与钩好的刺拼接。
背带裤主体与口袋的颜色搭配时尚新颖。

110

111

112
背带裤

113
背带裤

✿ 动物帽子

制作方法 114 ～ 119……p91　120 ～ 125……p88
重点课程 120 ～ 125……p90　121、123、125……p90
制作、设计／Ichikawa Miyuki

大象、长颈鹿、狐狸、兔子、小猫、绵羊……
让小朋友们戴上这些动物连耳帽，
看起来个个活泼调皮。

帽子的设计中加入了每种动物的特征，
仅仅是放在一起，看起来也相当可爱。

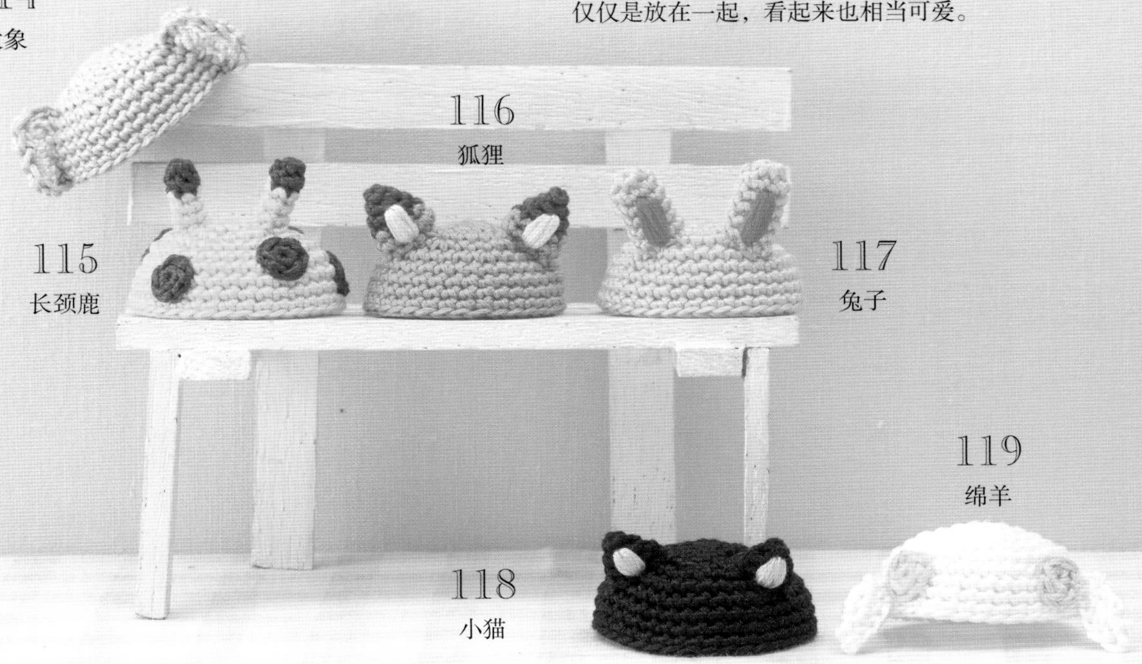

114
大象

115
长颈鹿

116
狐狸

117
兔子

118
小猫

119
绵羊

大家的发型不一，根据不同的发色进行刺绣。
变换长短，设计出自己喜欢的发型。

120
男孩

121
女孩

122
男孩

123
女孩

124
男孩

125
女孩

本书用线的介绍

下面是本书所用刺绣线（奥林巴斯、DMC）的色卡。
请大家尽量把这些丰富的色彩运用到自己的作品中！

奥林巴斯

◎奥林巴斯25号刺绣线

品质：棉100%，线长：8m/束，颜色数：434色

［图片为实物大］

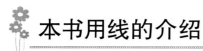

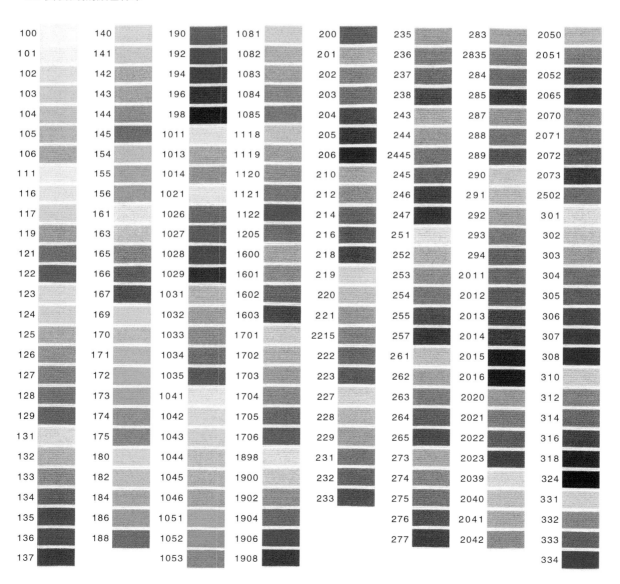

25号刺绣线的颜色样本

100	140	190	1081	200	235	283	2050
101	141	192	1082	201	236	2835	2051
102	142	194	1083	202	237	284	2052
103	143	196	1084	203	238	285	2065
104	144	198	1085	204	243	287	2070
105	145	1011	1118	205	244	288	2071
106	154	1013	1119	206	2445	289	2072
111	155	1014	1120	210	245	290	2073
116	156	1021	1121	212	246	291	2502
117	161	1026	1122	214	247	292	301
119	163	1027	1205	216	251	293	302
121	165	1028	1600	218	252	294	303
122	166	1029	1601	219	253	2011	304
123	167	1031	1602	220	254	2012	305
124	169	1032	1603	221	255	2013	306
125	170	1033	1701	2215	257	2014	307
126	171	1034	1702	222	261	2015	308
127	172	1035	1703	223	262	2016	310
128	173	1041	1704	227	263	2020	312
129	174	1042	1705	228	264	2021	314
131	175	1043	1706	229	265	2022	316
132	180	1044	1898	231	273	2023	318
133	182	1045	1900	232	274	2039	324
134	184	1046	1902	233	275	2040	331
135	186	1051	1904		276	2041	332
136	188	1052	1906		277	2042	333
137		1053	1908				334

＊因印刷品的关系，多少存在色差。

								<渐变色>
335	383	430	531	600	651	778	791	11
341	3835	431	532	601	652	739	792	17
342	384	432	533	602	653	740	793	22
343	385	440	534	603	654	741	794	32
344	386	441	535	604	6655	742	795	35
351	390	451	540	605	655	743	796	36
352	391	452	541	611	672	744	7010	38
353	392	453	542	612	673	745	7020	53
354	393	483	543	613	674	751	7025	55
355	3040	484	544	614	675	752	800	61
356	3041	485	546	615	676	753	801	62
357	3042	486	551	616	700	754	810	67
358	3043	487	552	621	701	755	811	68
361	3044	488	553	622	711	758	812	72
362	3050	501	554	623	712	765	813	
363	3051	502	555	624	713	766	814	
364	3052	503	556	625	714	767	815	
365	411	512	561	626	721	768	825	
366	412	514	562	630	722	769	841	
367	413	516	563	631	723	782	842	
368	414	520	564	632	731	783	843	
369A	415	5205	565	640	733	784	844	
370A	416	521	575	641	734	785	845	
3705A	421	522	580	642	735	786	850	
371A	422	523	581	643	736		900	
3715A	423	524	582	644	737			
372A		525	583	645	738			

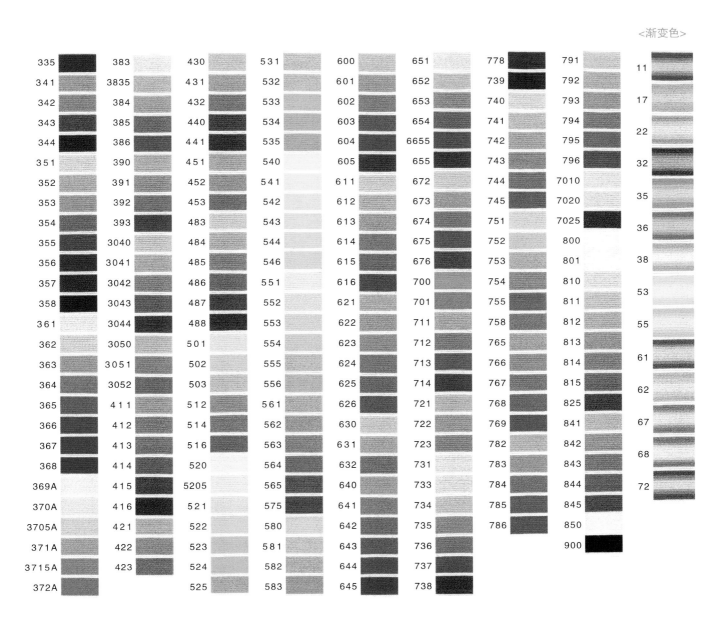

DMC

◎DMC 25号刺绣线　品质：棉100%，线长：8m/束，颜色数：481色

[图片为实物大]

25号刺绣线的颜色样本

3713	894	151	225	211	3840	159	828	964	955	704
761	893	3354	224	210	3839	160	3761	959	954	703
760	892	3733	152	209	3838	161	519	958	913	702
3712	891	3731	223	208	800	3756	518	3812	912	701
3328	818	3350	3722	3837	809	775	3760	3851	911	700
347	957	150	3721	327	799	3841	517	943	910	699
353	956	3689	221	153	798	3325	3842	3850	909	907
352	309	3688	778	554	797	3755	311	993	3818	906
351	963	3687	3727	553	796	334	747	992	369	905
350	3716	3803	316	552	820	322	3766	3814	368	904
349	962	3685	3726	550	162	312	807	991	320	472
817	961	605	315	3747	827	803	3765	966	367	471
3708	3833	604	3802	341	813	336	3811	564	319	470
3706	3832	603	902	156	826	823	598	563	890	469
3705	3831	602	3743	340	825	939	597	562	164	937
3801	777	601	3042	155	824	3753	3810	505	989	936
666	819	600	3041	3746	996	3752	3809	3817	988	935
321	3326	3806	3740	333	3843	932	3808	3816	987	934
304	899	3805	3836	157	995	931	928	163	986	523
498	335	3804	3835	794	3846	930	927	3815	772	3053
816	326	3609	3834	793	3845	3750	926	561	3348	3052
815		3608	154	3807	3844		3768	3813	3347	3051
814		3607		792			924	503	3346	524
		718		158			3849	502	3345	522
		917		791			3848	501	895	520
		915					3847	500		

◎DMC多色刺绣线　品质：棉100%，线长：8m/束，颜色数：60色

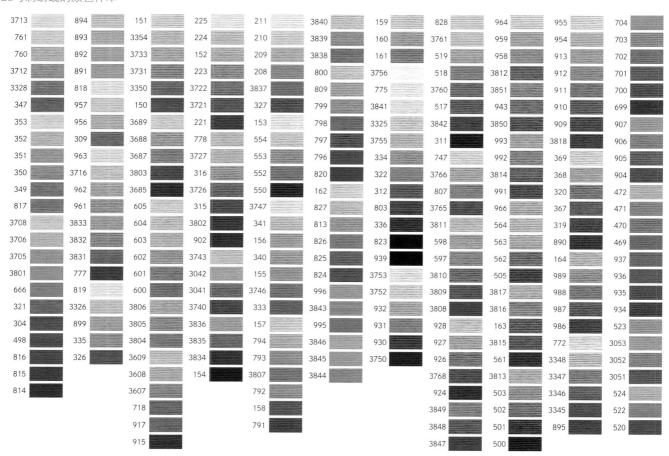

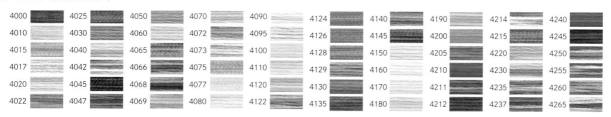

[图片为实物大]

多色刺绣线的颜色样本

4000	4025	4050	4070	4090	4124	4140	4190	4214	4240
4010	4030	4060	4072	4095	4126	4145	4200	4215	4245
4015	4040	4065	4073	4100	4128	4150	4205	4220	4250
4017	4042	4066	4075	4110	4129	4160	4210	4230	4255
4020	4045	4068	4077	4120	4130	4170	4211	4235	4260
4022	4047	4069	4080	4122	4135	4180	4212	4237	4265

＊因印刷品的关系，多少存在色差。

3364
3363
3362
165
3819
166
581
580
734
733
732
730
3013
3012
3011
372
371
370
834
833
832
831
830
829

613
612
611
610
3047
3046
3045
167
746
677
422
3828
420
869
728
783
782
780
676
729
680
3829
3822
3821
3820
3852

445
307
973
444
3078
727
726
725
972
745
744
743
742
741
740
970
947
946
900
967
3824
3341
3340
608
606

951
3856
722
721
720
3825
922
921
920
919
918
3770
945
402
3776
301
400
300
3823
3855
3854
3853

3827
977
976
3826
975
948
754
3771
758
3778
356
3830
355
3777
3779
3859
3858
3857
3774
950
3064
407
3772
632

453
452
451
3861
3860
779
712
739
738
437
436
435
434
433
801
898
938
3371
543
3864
3863
3862
3031

B5200
BLANC
3865
ECRU
822
644
642
640
3787
3021
3024
3023
3022
535
3033
3782
3032
3790
3781
3866
842
841
840
839
838

3072
648
647
646
645
844
762
415
318
414
168
169
317
413
3799
310

48
107
115
99
52
93
121
67
125
92
94
90
51
106
111
105
69
53

3880
3881
3882
3883
3884
3885
3886
3887
3888
3889
3890
3891
3892
3893
3894
3895

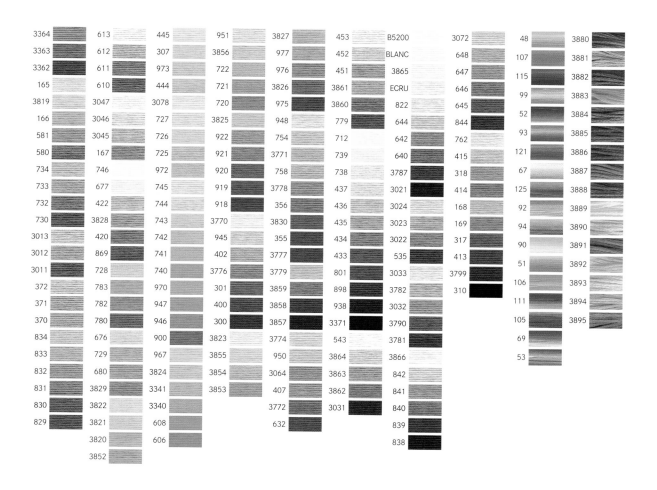

重点课程

69 图片 p26、27 ✿ 鸭子主体的钩织方法 ※第2行以后均用条针钩织。

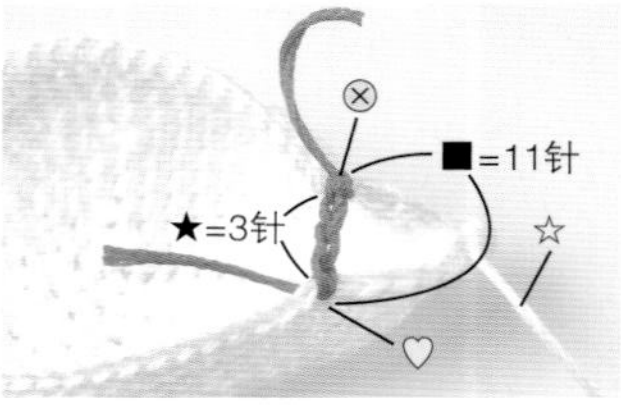

1 钩织至主体腹部的第10行后，暂时停下（☆）。在尾巴的指定位置（♡）接线，织入3针锁针（★）后，在另一侧（⊗）引拔钩织，再剪断线。

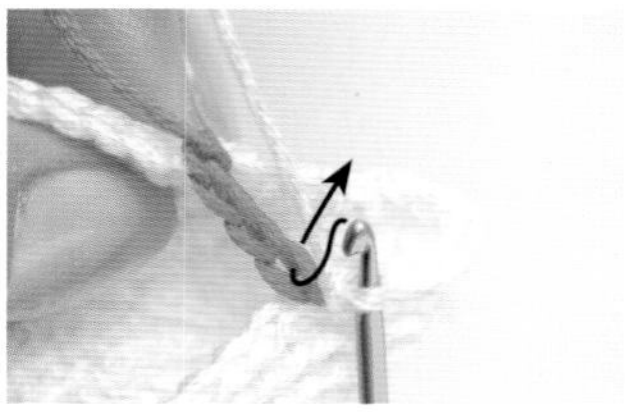

2 用之前暂时停下的线将步骤1钩织的3针锁针（★）中尾巴侧的半针和（■）处（11针）的针脚挑起，共计挑16针。然后按照尾巴的记号图钩织4行。

3 钩织完1行尾巴（钩织图的第12行）后如图。

4 钩织完4行尾巴（钩织图的第12～15行）后如图。

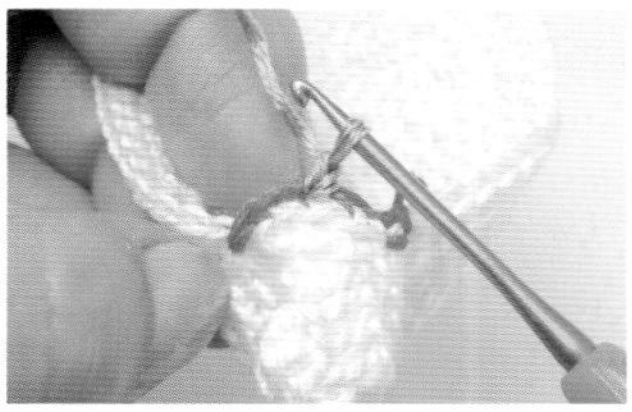

5 在步骤1所织3针锁针（★）的第2针处接线（捏住腹部的半针和里山处），继续钩织主体的背部。

6 接着尾巴的★部分和肚子继续钩织，背部的第1行钩织完成后如图。

7 第2行之后均参照钩织图用条针钩织，从颈部钩织至头部。钩织完3行后如图。

✿ 脚的钩织方法

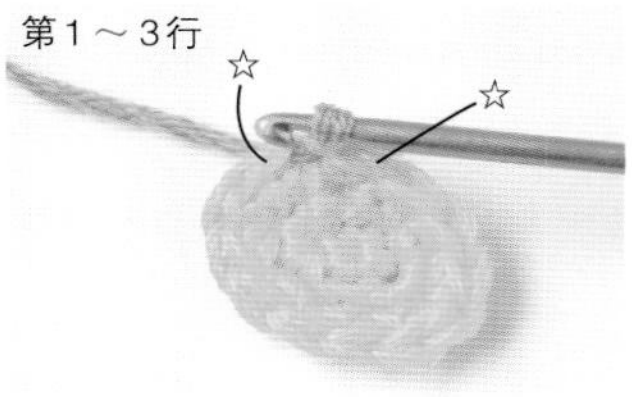

1 用短针钩织至脚的第3行。

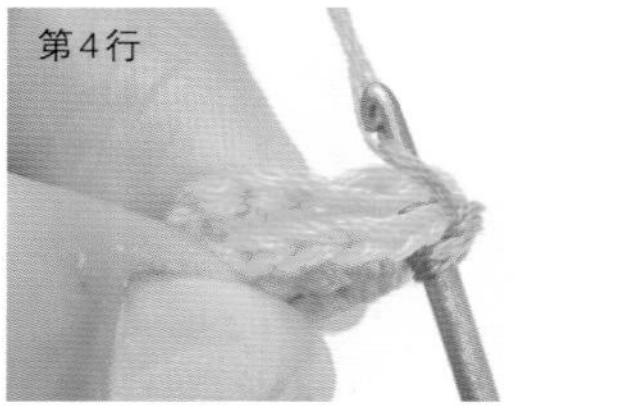

2 步骤1正面朝外，相对合拢对折，织入1针立起的锁针。然后将钩针插入第1针（☆印记的2针）中，钩织短针。

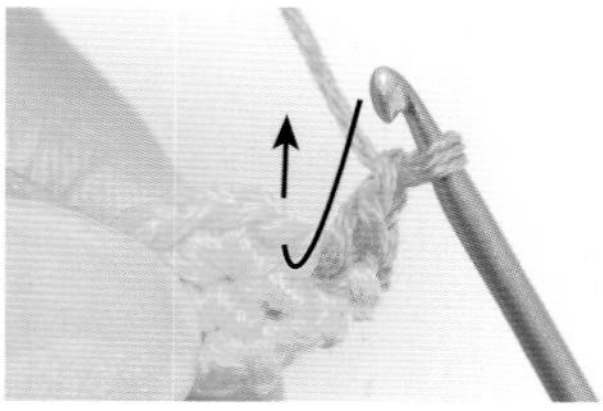

3 接着再钩织锁针1针的引拔小链针。

4 参照图，钩织完脚的第4行后如图（图片为反面的样子）。再用同样的方法钩织1块。

✿ 脚的拼接方法

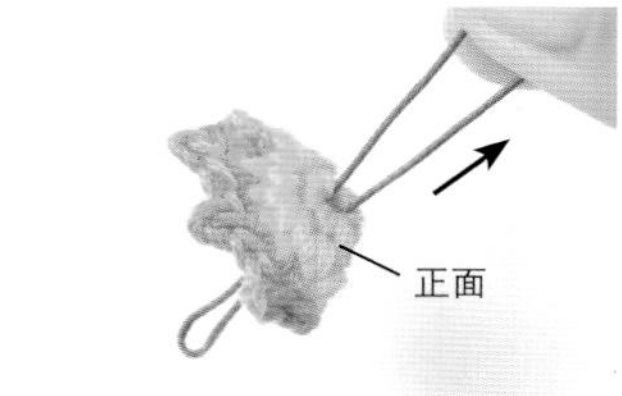

1 长16cm的铁丝对折，从脚的反面穿入（在两根铁丝之间夹入一两根线，拉紧，防止铁丝滑出）。

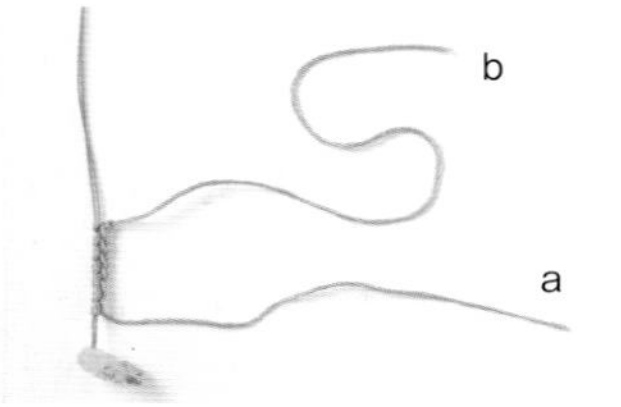

2 钩织起点处的线头留出10cm左右（a），线系在铁丝上，织入6针短针。钩织终点处的线头留出15cm左右（b），然后剪断。

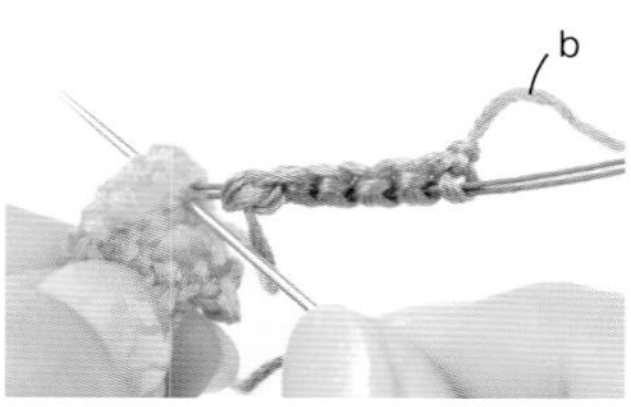

3 用步骤2的线头（a）将短针的钩织起点侧面与脚缝合。

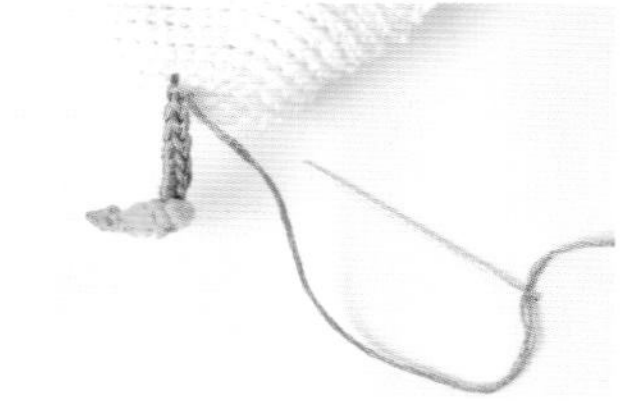

4 铁丝插入主体腹部拼接脚的位置，线头（b）穿入缝纫针中。

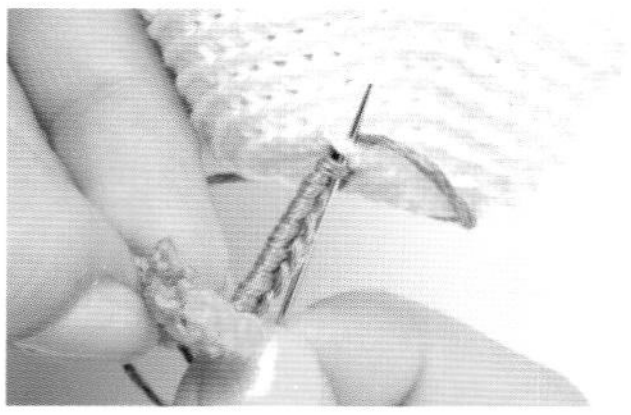

5 用线头（b）与主体缝合，完成。

准备材料

{编织线} DMC 25号刺绣线

作品7：白色系（BLANC），4.5束；茶色系（898）、红色系（347）、灰色系（415），各0.5束

作品8：驼色系（436），4.5束；茶色系（898），0.5束

作品9：米褐色系（738），4束；粉色系（899），1束；茶色系（898）、粉色系（309）、白色系（BLANC），各0.5束

作品10：茶色系（3863），4束；绿色系（563），1束；茶色系（898）、绿色系（943）、蓝色系（803），各0.5束

{其他}

作品7～10共通

HAMANAKA固眼：黑色、4.5mm，各1对

填充棉：适量

{针}

钩针2/0号

躯干（外侧）
各2块

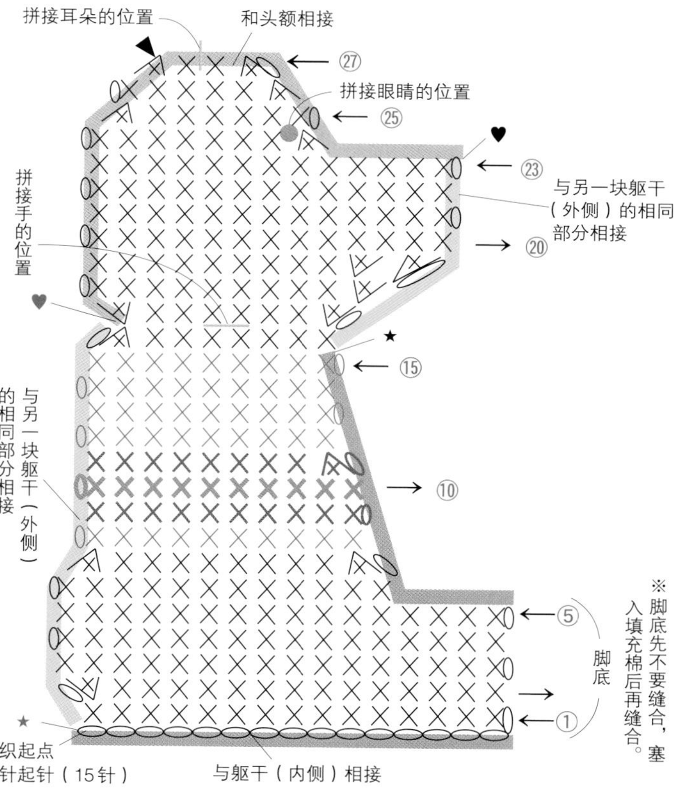

※ 作品7围巾的钩织方法、小熊的拼接方法参照p50。

躯干（内侧）
各1块

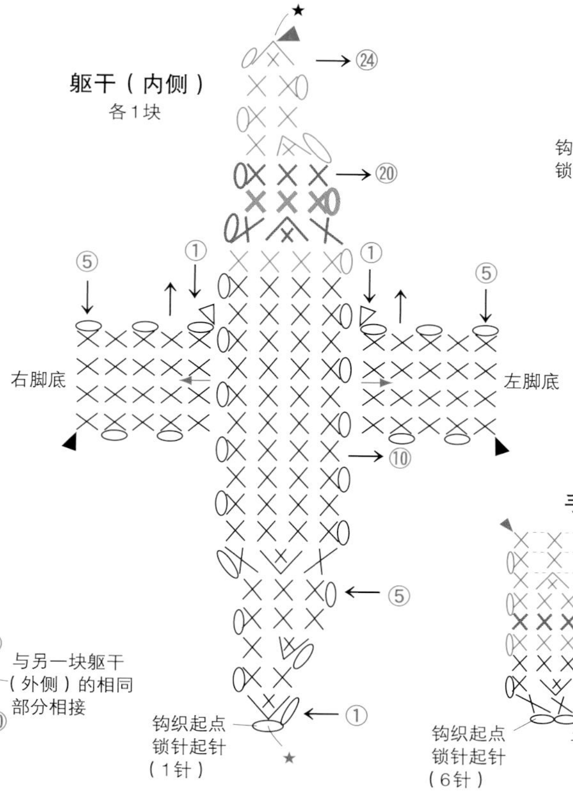

鼻尖 各1块

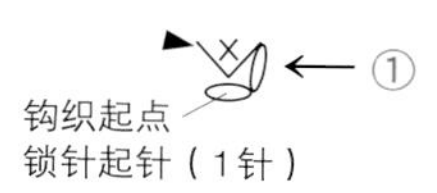

手 各2块

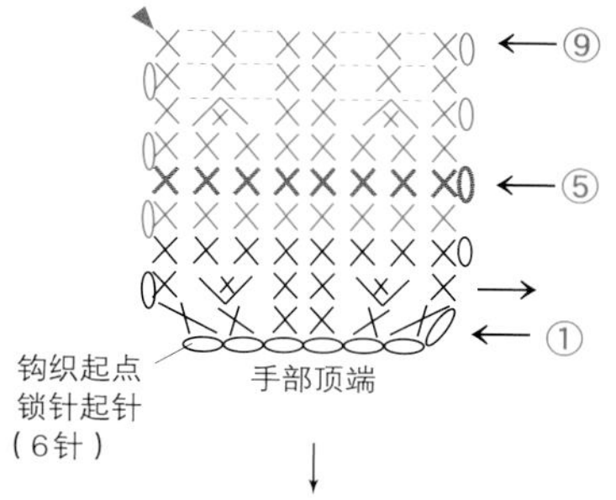

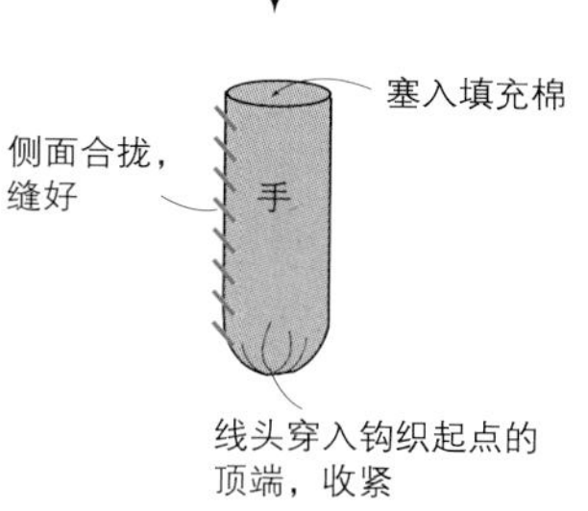

头额 各1块

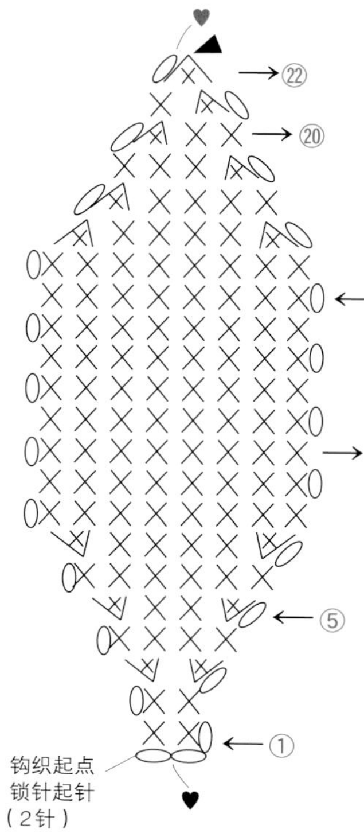

耳朵 各2块

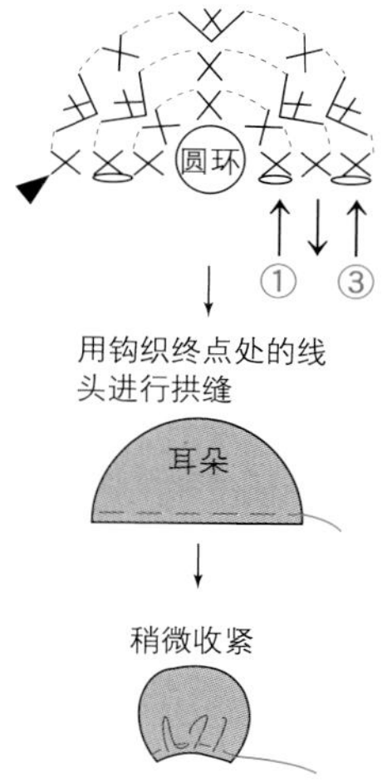

作品7～10小熊的配色表

	7	8	9	10
躯干（外侧）、（内侧）、手			738	3863
躯干（外侧）、（内侧）、手			899	563
躯干（外侧）、（内侧）、手	BLANC	436	309	943
躯干（外侧）、（内侧）			BLANC	803
头额			738	3863
耳朵				
鼻尖、嘴巴	898	898	898	898

作品7～10 小熊的后续

作品7 围巾 1块 ——……347
——……415

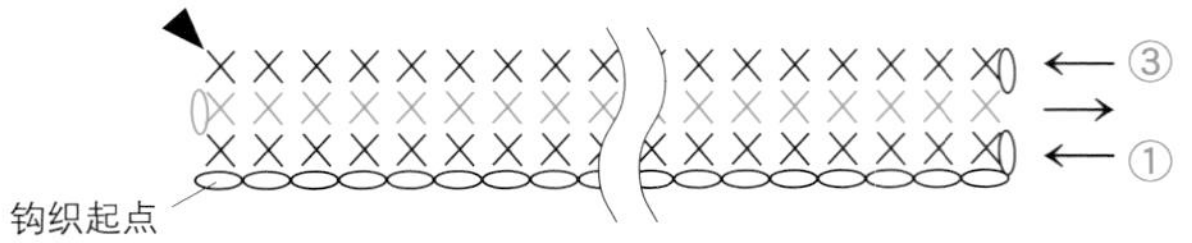

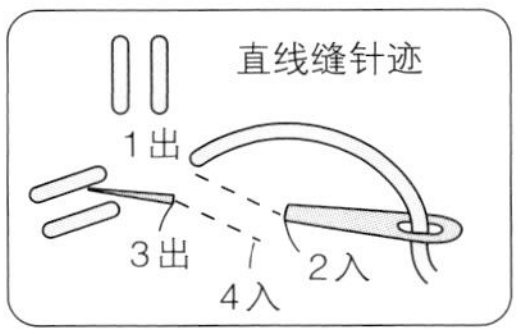

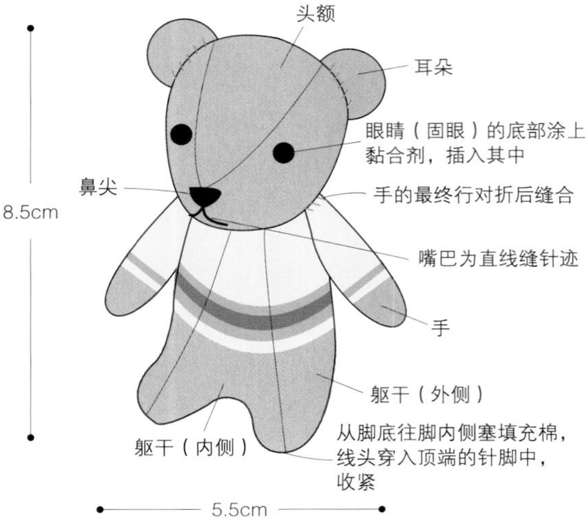

小熊的拼接方法

※ 参照p6腊肠犬的方法拼接。

※ 躯干（外侧）、躯干（内侧）、头额参照左侧页面躯干（外侧）的钩织图，将印记对齐后缝合。缝合的过程中塞入填充棉。

※ 缝上手、耳朵、鼻尖。

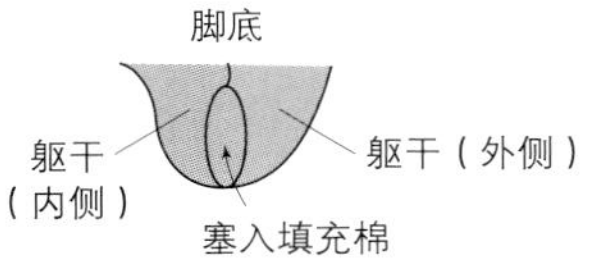

作品16～19 腊肠犬的后续

作品19 骨头 BLANC

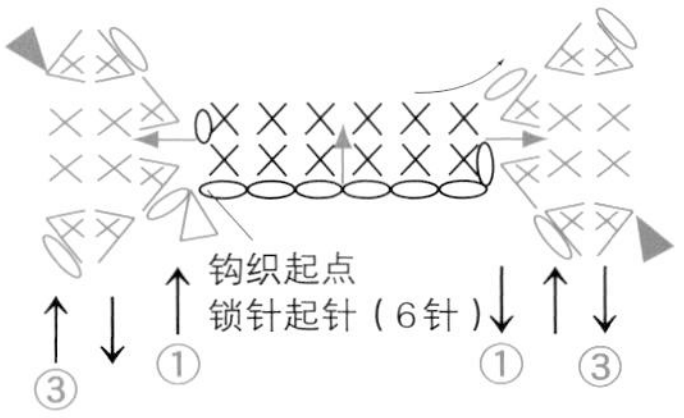

骨头的拼接方法

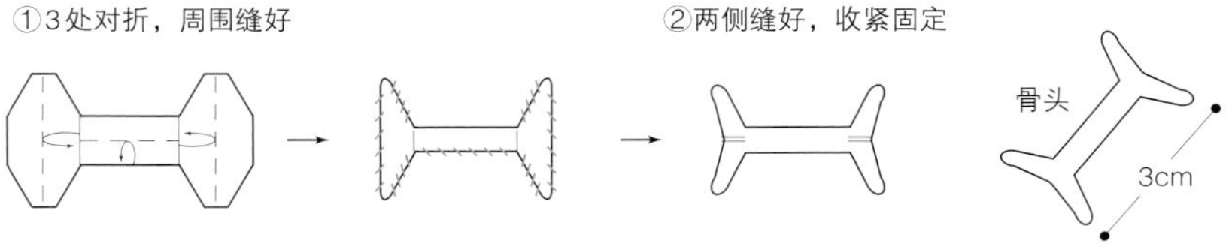

腊肠犬的拼接方法

※ 参照p6。

※ 躯干（外侧）、躯干（内侧）、头额参照p51躯干（外侧）的钩织图，将印记对齐后缝合（脚底除外）。缝合的过程中塞入填充棉。

※ 脚底参照下图处理。

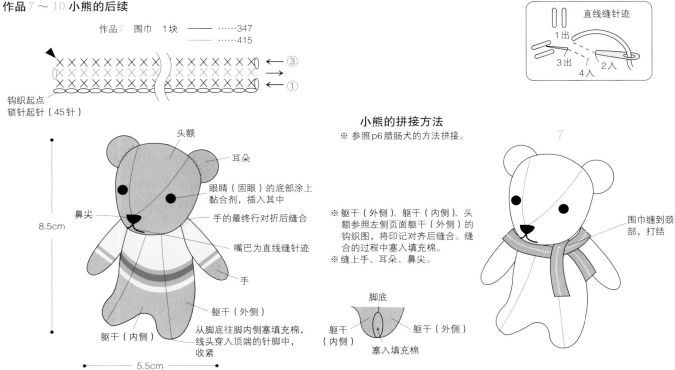

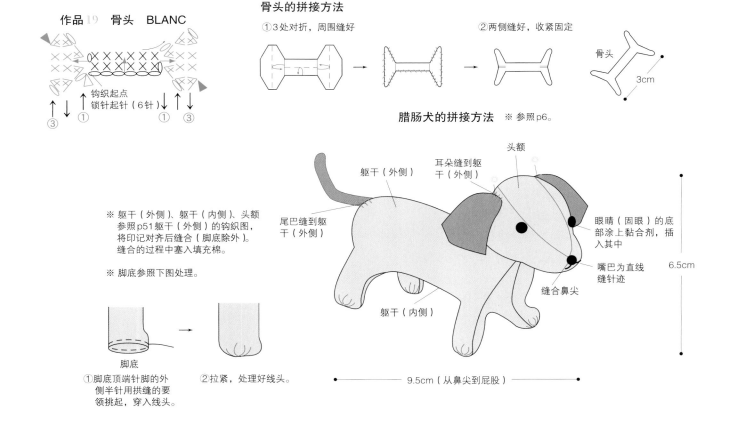

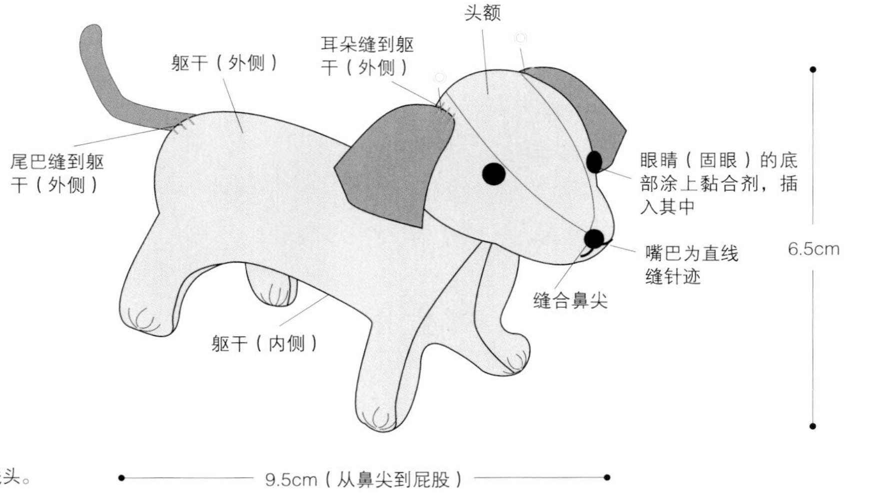

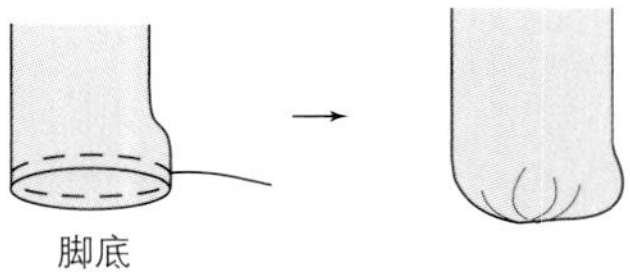

①脚底顶端针脚的外侧半针用拱缝的要领挑起，穿入线头。

②拉紧，处理好线头。

准备材料

{编织线} DMC 25号刺绣线

作品16：米褐色系（738），4束；驼色系（434）、黑色系（310），各0.5束

作品17：茶色系（938），3.5束；驼色系（977），2束；黑色系（310），0.5束

作品18：砖红色系（920），4束；黑色系（310），0.5束

作品19：白色系（BLANC），0.5束

{其他}

作品16～18共通

HAMANAKA固眼：黑色、4mm，各1对

填充棉：适量

{针}

钩针2/0号

作品16～18躯干（外侧、内侧）的配色表

	16	17	18
——	738	938	920
——		977	

作品16～18 躯干以外的配色表

	16	17	18
头额	738	938	920
耳朵	434		
尾巴			
鼻尖、嘴巴	310		

躯干（内侧）
各1块

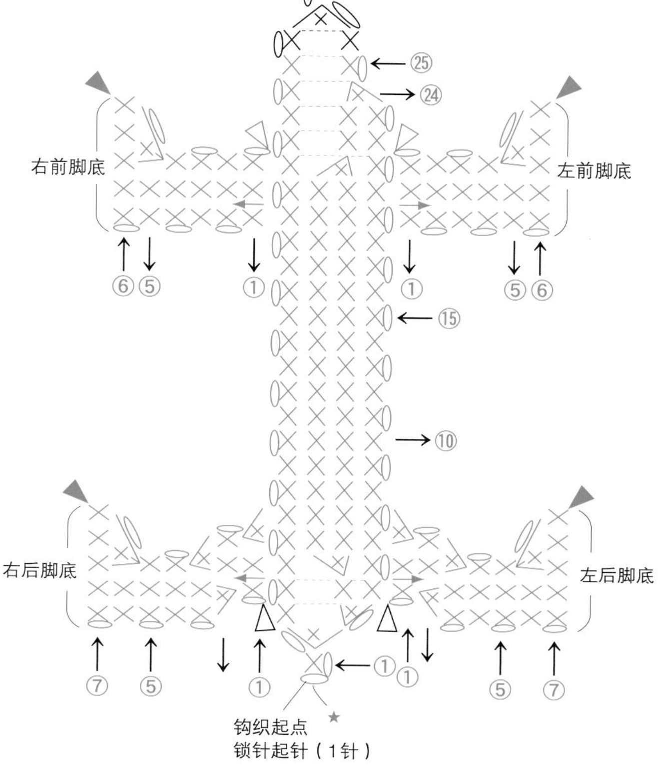

头额
各1块

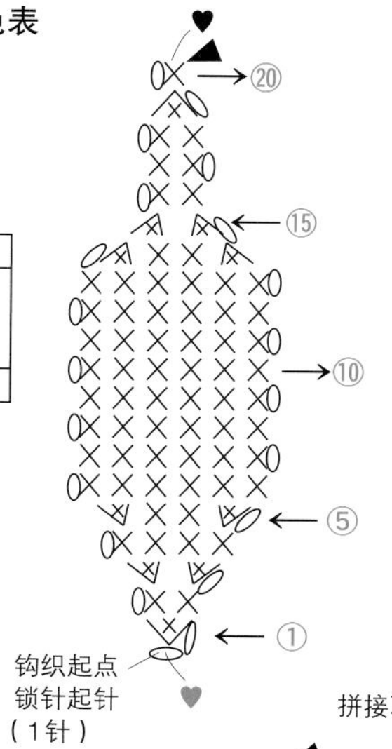

耳朵
各2块

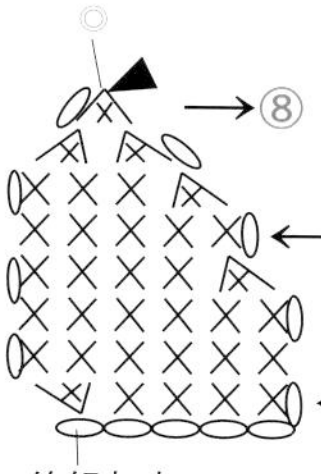

※ 腊肠犬的拼接方法、作品19骨头的钩织方法参照p50。

躯干（外侧）
各2块

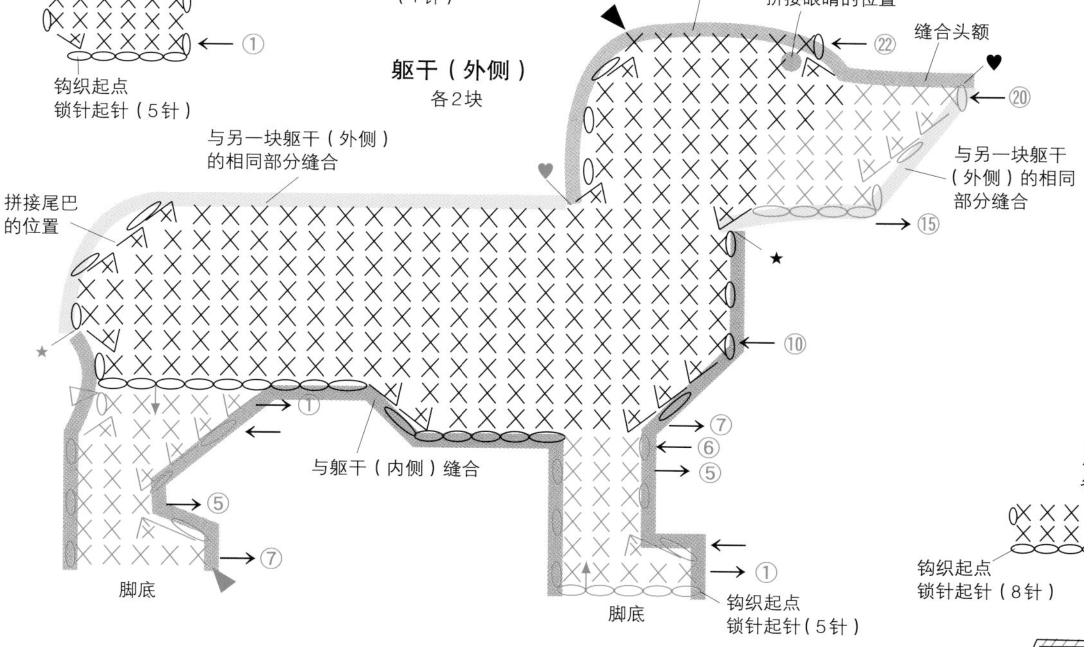

鼻尖
各1块

尾巴
各1块

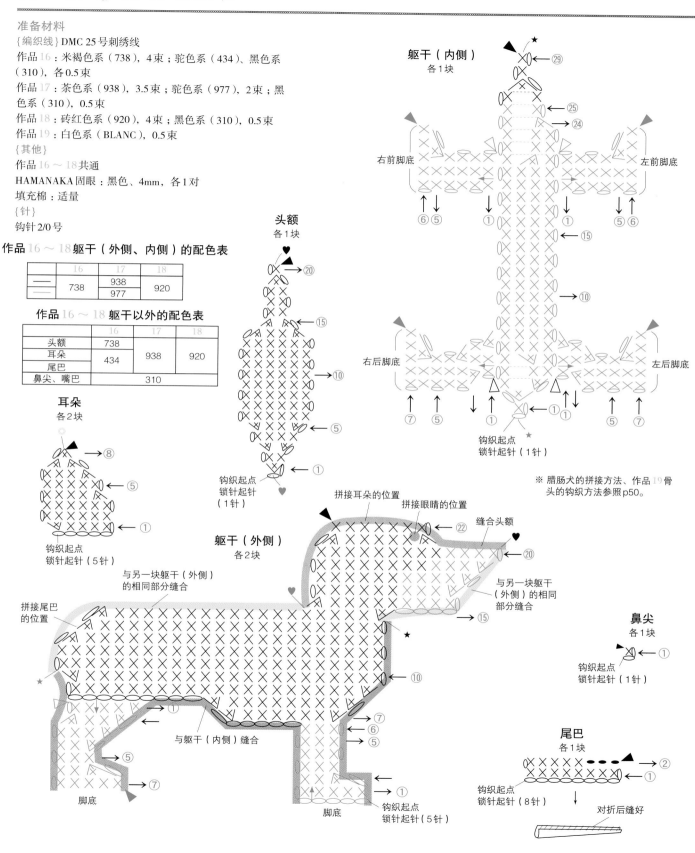

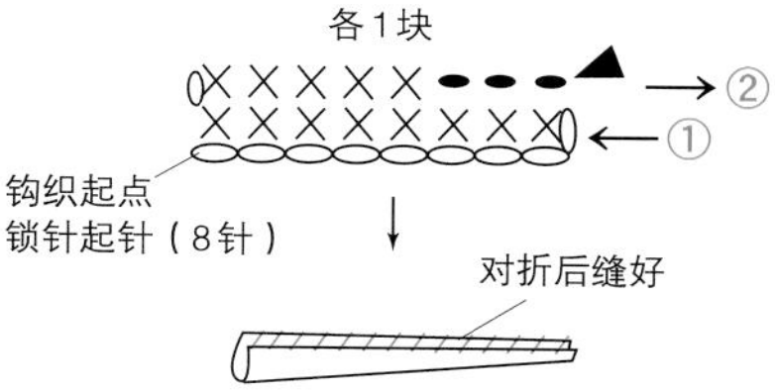

准备材料

{编织线} DMC 25号刺绣线

作品1：茶色系（3862），5.5束；茶色系（841），0.5束

作品2：米褐色系（543），5.5束；白色系（3865），0.5束

作品3：米褐色系（738），5.5束；茶色系（3862），0.5束

作品4：蓝色系（825），1束

作品5：白色系（3865），1束

作品6：红色系（304），1束

{其他}

作品1～6共通

直径8mm的纽扣：各4颗

珍珠串珠：黑色、3mm，各2颗；黑色、4mm，各1颗

填充棉：适量

{针}

钩针2/0号

作品1～3小熊的配色表

	1	2	3
头部、耳朵、身体、腕部	3862	543	738

头部 各1块

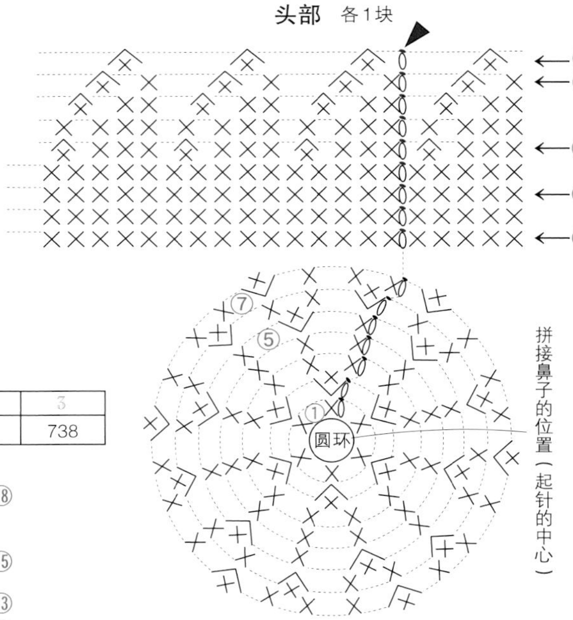

头部的针数表

行数	针数	加减针数
16	6	−6
15	12	−6
14	18	−6
13	24	
12	24	−6
8～11	30	
7	30	＋6
6	24	＋6
5	18	＋6
3、4	12	
2	12	＋6
1	6	

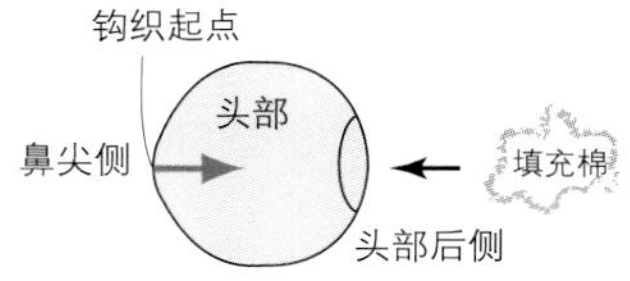

※ 塞入填充棉后将线头穿入最终行的针脚中，收紧。

身体 各1块

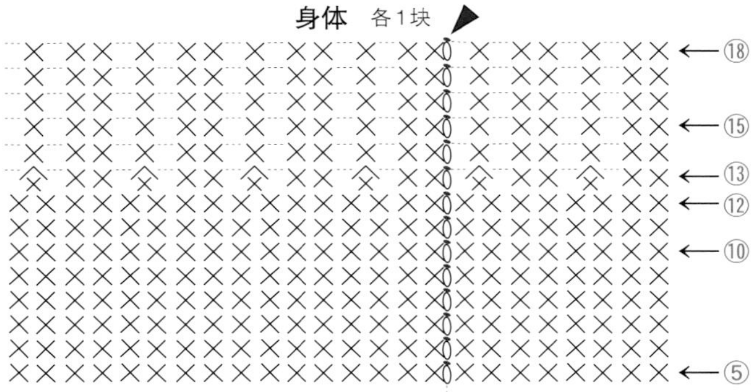

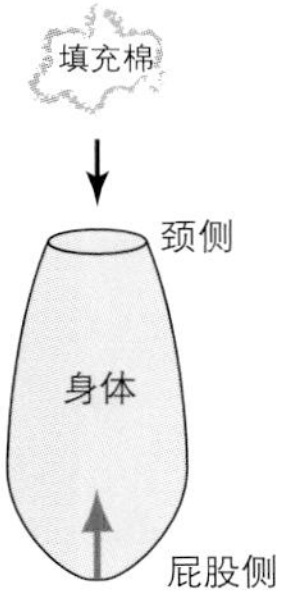

※ 塞入填充棉。

身体的针数表

行数	针数	加减针数
14～18	18	
13	18	−6
5～12	24	
4	24	＋6
3	18	＋6
2	12	＋6
1	6	

耳朵 各2块

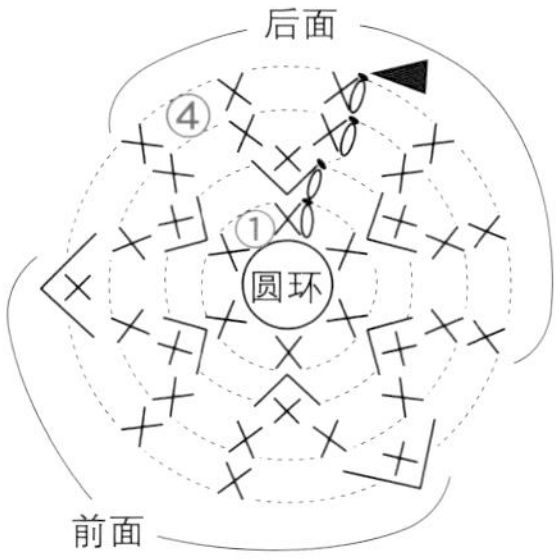

耳朵的针数表

行数	针数	加减针数
4	10	−2
3	12	
2	12	＋6
1	6	

腕部 各2块

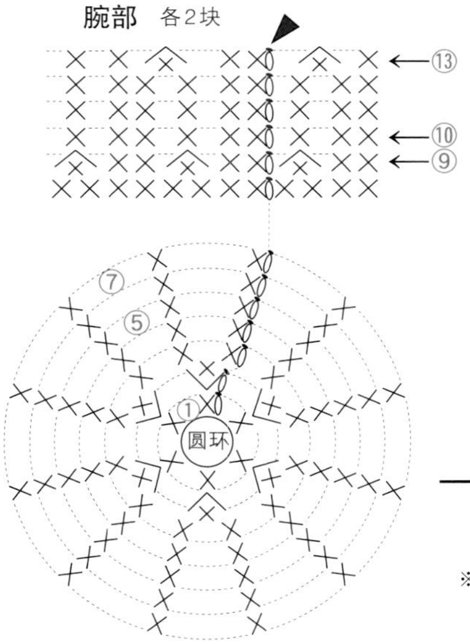

腕部的针数表

行数	针数	加减针数
13	7	−2
10～12	9	
9	9	−3
3～8	12	
2	12	＋6
1	6	

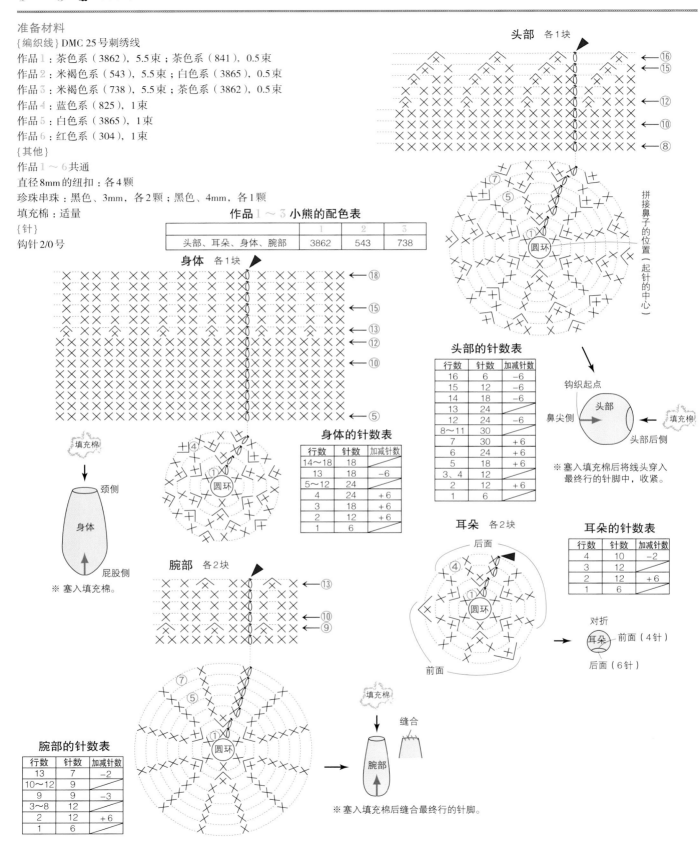

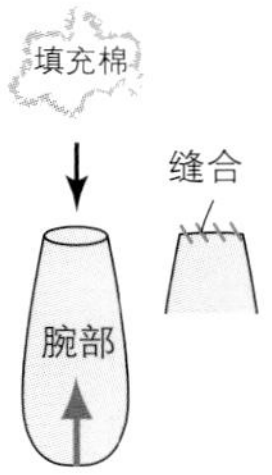

※ 塞入填充棉后缝合最终行的针脚。

脚　各2块

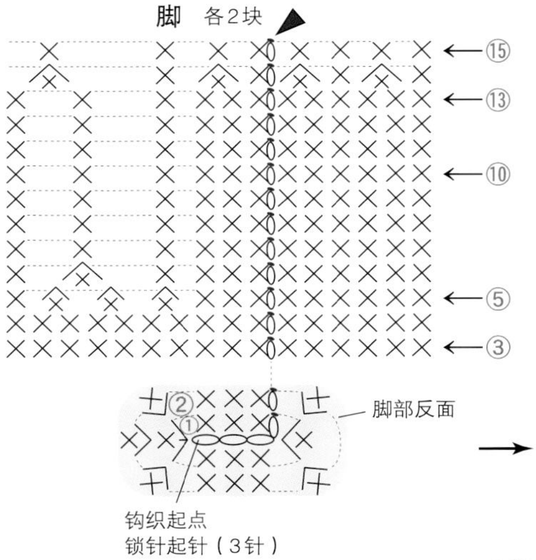

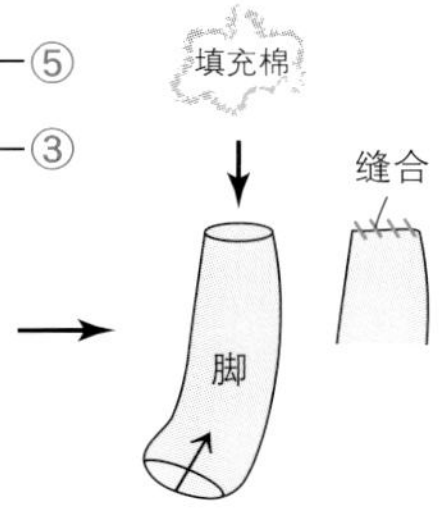

※ 塞入填充棉后缝合最终行的针脚。

小熊的拼接方法

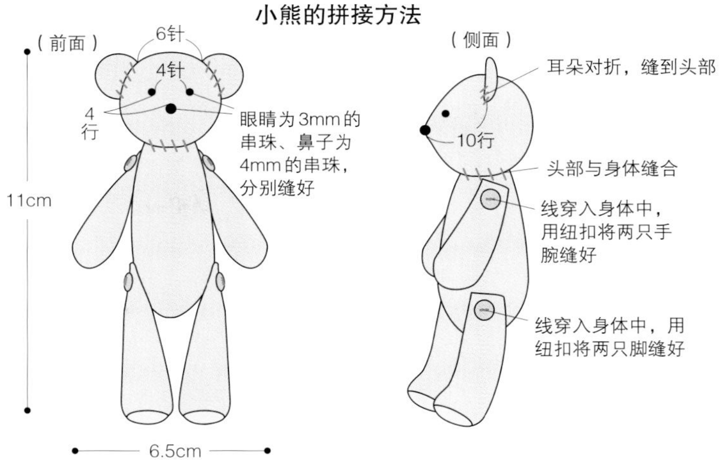

脚的配色表

	1	2	3
第3～15行	3862	543	738
第1、2行	841	3865	3862

背心的钩织方法顺序

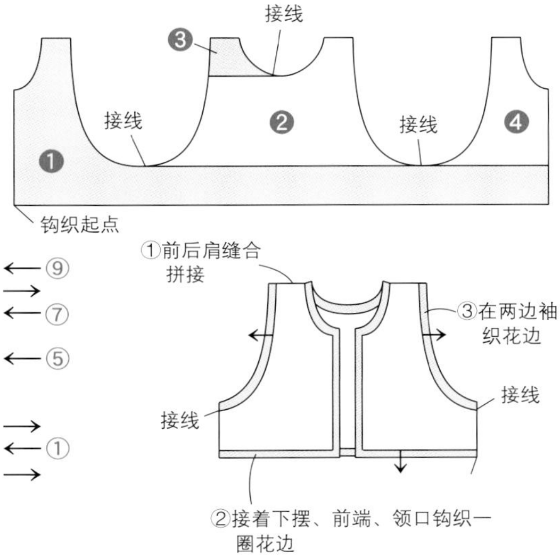

4　背心　825

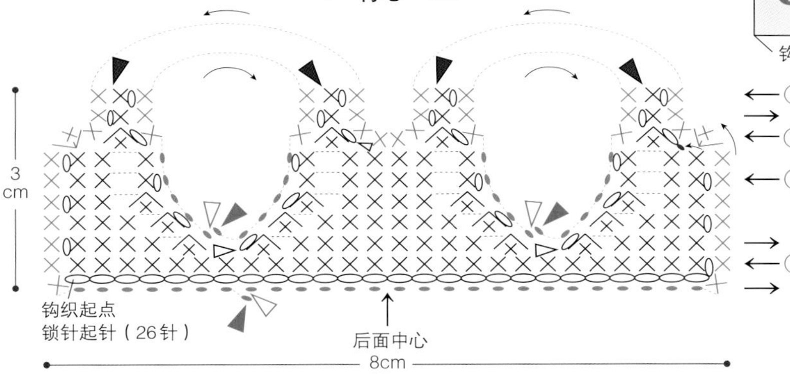

作品5　拼接领　3865

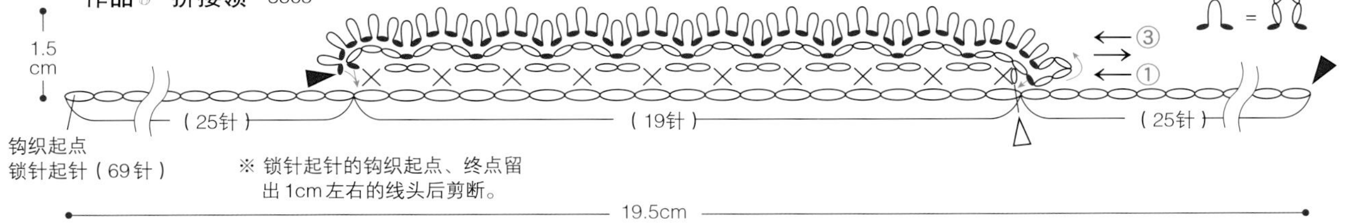

※ 锁针起针的钩织起点、终点留出1cm左右的线头后剪断。

6　领巾　304

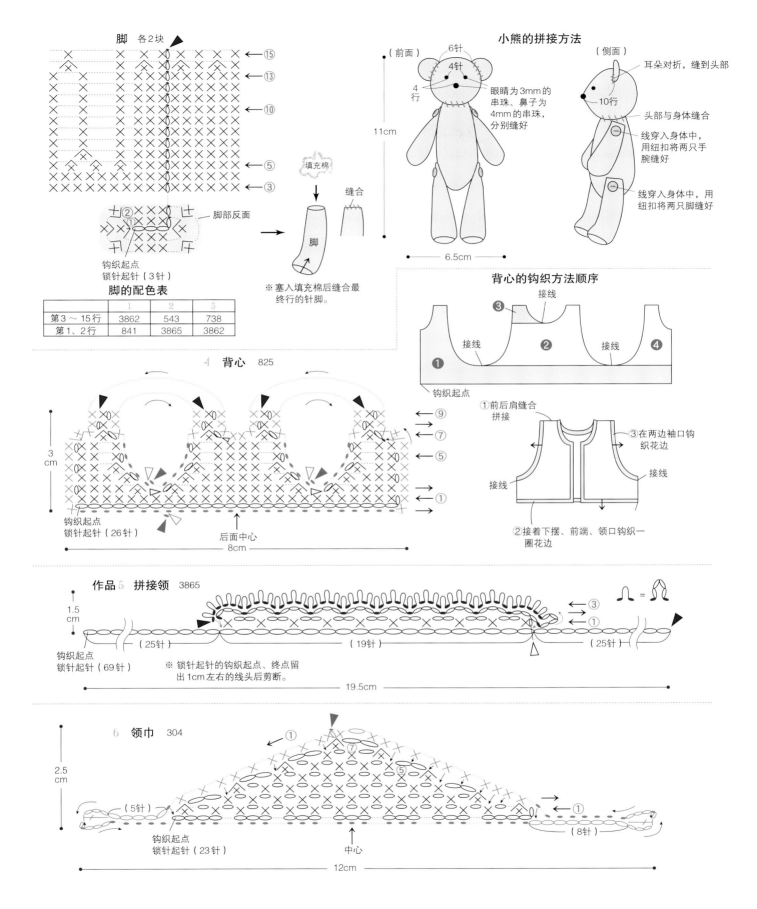

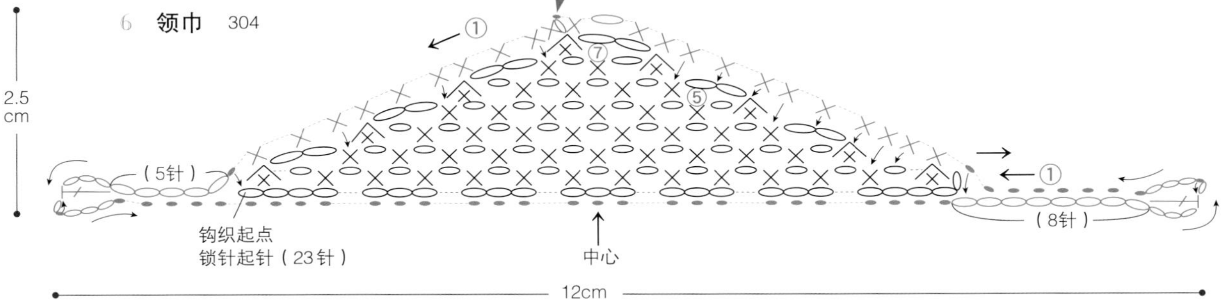

准备材料

{编织线} DMC 25号刺绣线

作品11：灰色系（762），5.5束；粉色系（818），0.5束

作品12：白色系（3865），5.5束；粉色系（818），0.5束

作品13：本白色系（ECRU），5.5束；粉色（818），0.5束

作品14：绿色系（907）、橙色系（970），各0.5束

作品15：绿色系（906）、橙色系（741），各0.5束

{其他}

作品11、12、13共通

直径8mm的纽扣：各4个

珍珠串珠：黑色、3mm，各2颗；黑色、4mm，各1颗

填充棉：适量

{针}

钩针2/0号

作品11～13 兔子的配色表

	11	12	13
头部、身体、腕部、脚、尾巴	762	3865	ECRU

头部 各1块

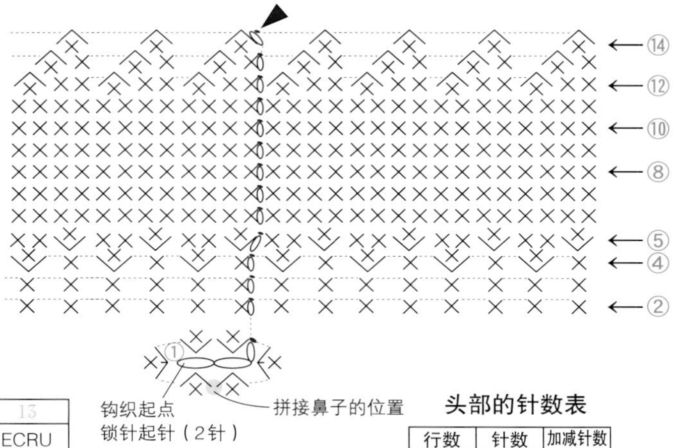

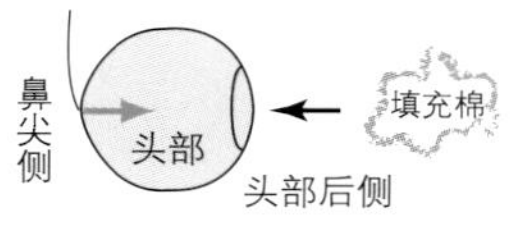

※ 塞入填充棉，线头穿入最终行的针脚中，收紧。

头部的针数表

行数	针数	加减针数
14	7	−7
13	14	−7
12	21	−7
6～11	28	
5	28	+7
4	21	+7
2、3	14	
1	14	

身体 各1块

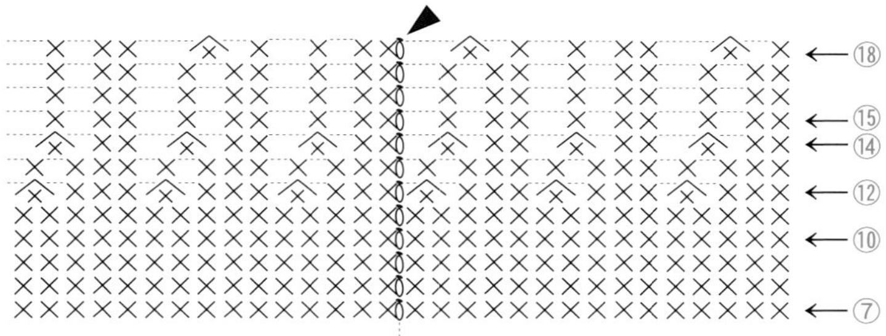

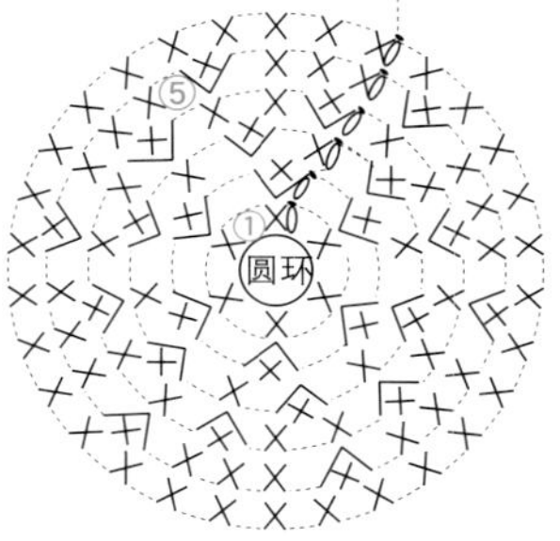

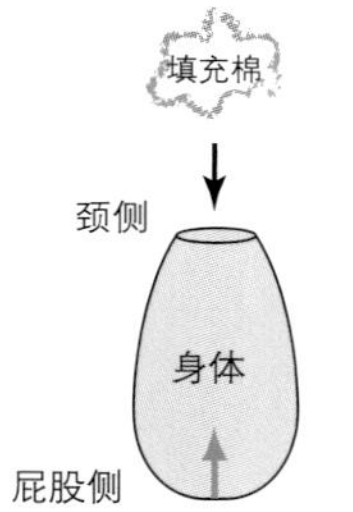

※ 塞入填充棉。

身体的针数表

行数	针数	加减针数
18	15	−3
15～17	18	
14	18	−6
13	24	
12	24	−6
6～11	30	
5	30	+6
4	24	+6
3	18	+6
2	12	+6
1	6	

脚 各2块

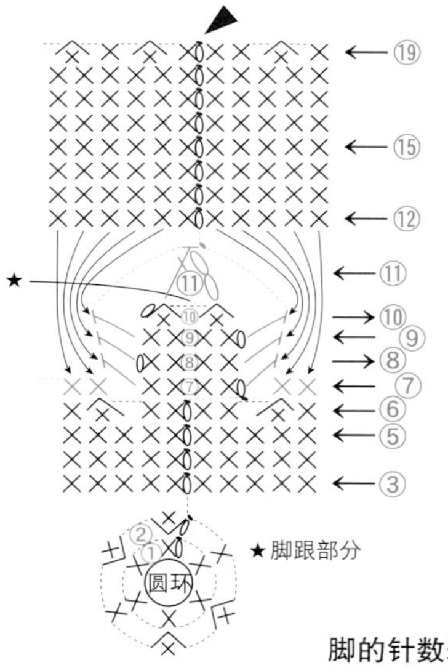

腕部 各2块

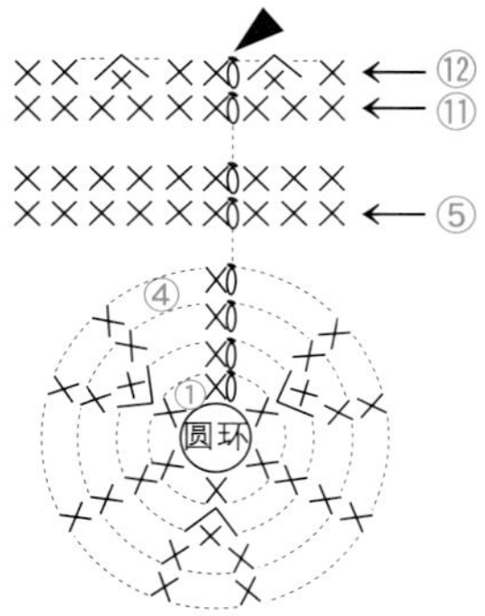

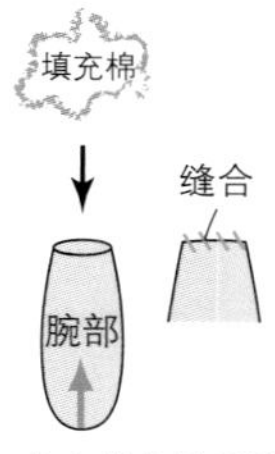

※ 塞入填充棉后缝合最终行的针数。

腕部的针数表

行数	针数	加减针数
12	7	−2
3～11	9	
2	9	+3
1	6	

尾巴 各1块

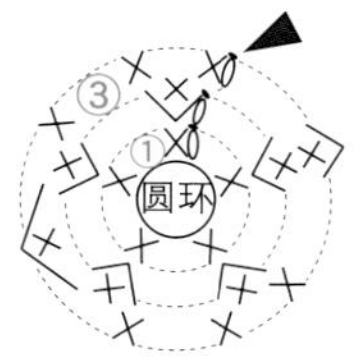

尾巴的针数表

行数	针数	加减针数
3	8	−2
2	10	+5
1	5	

脚的针数表

行数	针数	加减针数
19	8	−3
12～18	11	
11	11	+9
10	2	−2
7～9	4	−4
6	8	−2
3～5	10	
2	10	+4
1	6	

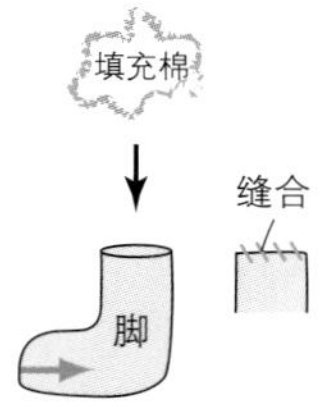

※ 塞入填充棉缝合最终行的针脚。

※ 第1～6行……环形钩织。
第7～10行……平针钩织。
第11～19行……环形钩织。

耳朵的配色表

	11	12	13
第2行	762	3865	ECRU
第1行、反面1块	762	3865	ECRU
第1行、正面1块	818	818	818

耳朵 各2块

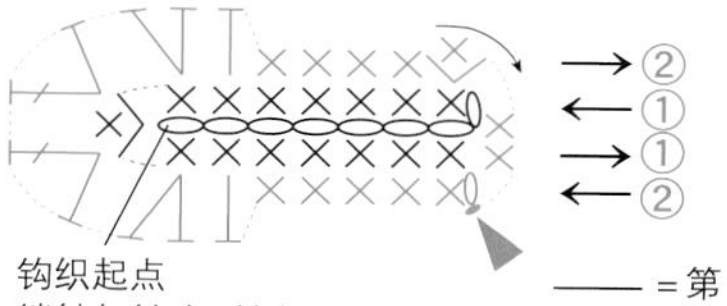

耳朵的钩织方法

①参照配色表，正反两块织片均是钩织第1行，但反面的线不要剪断，暂时停下不织。

②步骤①的两块织片正面朝外相对合拢，用之前反面暂时停下的线挑起两块织片的针脚，钩织第2行。

胡萝卜、叶子的配色表

	14	15
胡萝卜	970	741
叶子	907	906

胡萝卜 各1块

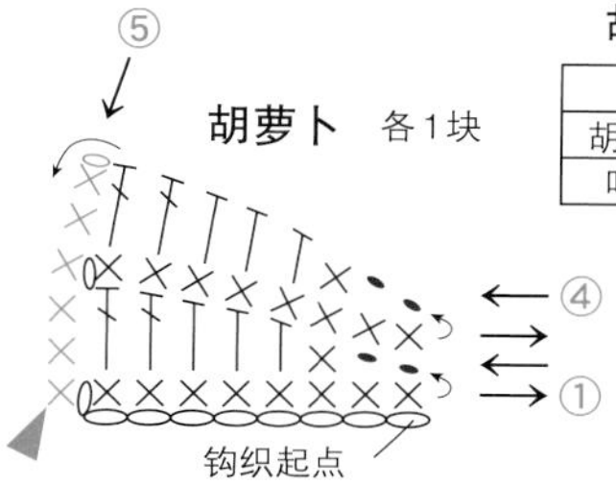

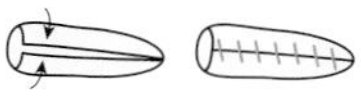

※ 起针和第4行的头针缝合。

叶子 各1块

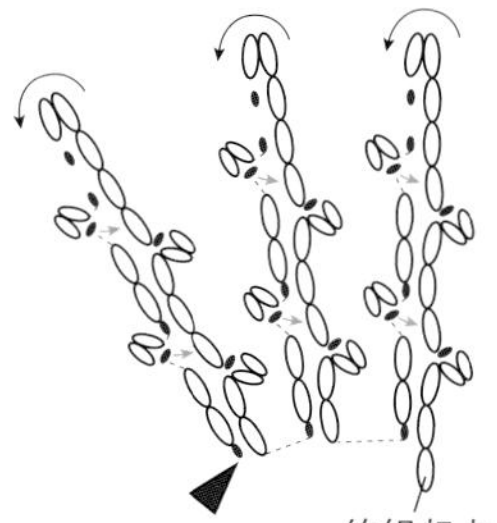

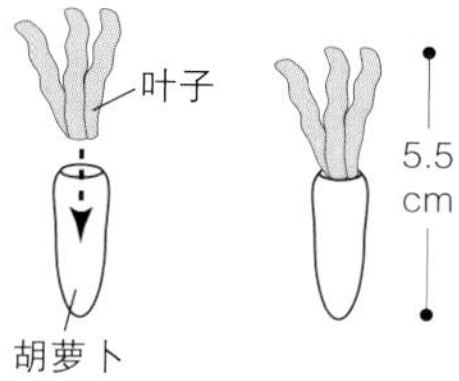

※ 塞入少许填充棉，之后加入叶子，缝合。

兔子的拼接方法

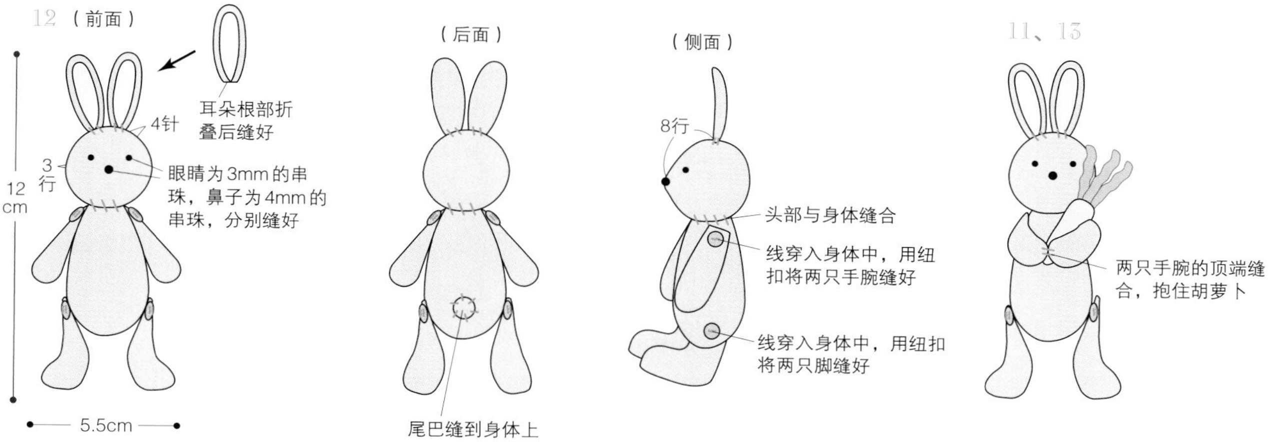

作品20～23 长颈鹿的后续
长颈鹿的拼接方法

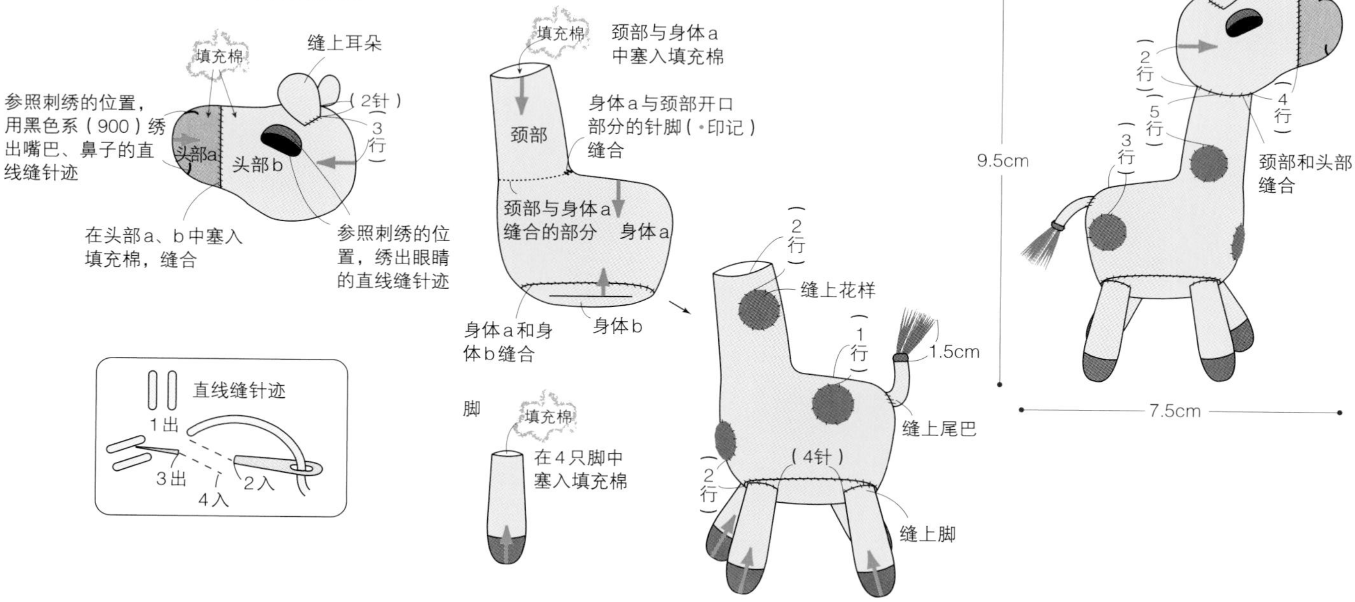

准备材料

{编织线}奥林巴斯25号刺绣线

作品20：粉色系（127），3束；茶色系（745），1束；粉色系（111），0.5束；黑色系（900），少许

作品21：绿色系（292），3束；茶色系（745），1束；黄色系（502），0.5束；黑色系（900），少许

作品22：绿色系（223），3束；茶色系（745），1束；绿色系（262），0.5束；黑色系（900），少许

作品23：黄色系（502），3束；茶色系（745），1束；米褐色系（734），0.5束；黑色系（900），少许

{其他}

作品20～23共通

填充棉：适量

{针}钩针2/0号

长颈鹿的配色表

	20	21	22	23
头部a	111	502	262	734
头部b	127	292	223	502
身体a、b，颈部	127	292	223	502
脚 ——	745			
脚 ━━	127	292	223	502
花样	745			
耳朵、尾巴	127	292	223	502
流苏	745			

头部a 各1块

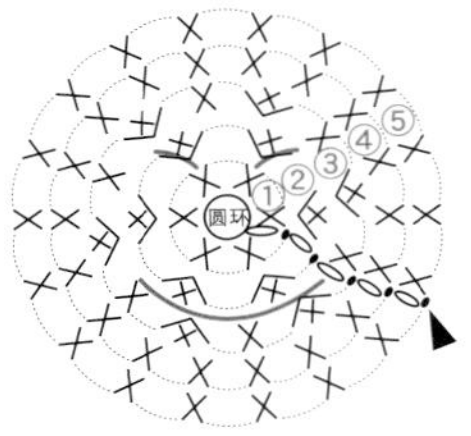

—＝嘴巴、鼻子直线缝针迹的位置

头部a的针数表

行数	针数	加针数
4、5	18	
3	18	+6
2	12	+6
1	6	

※ 长颈鹿的拼接方法参照p55。

头部b 各1块

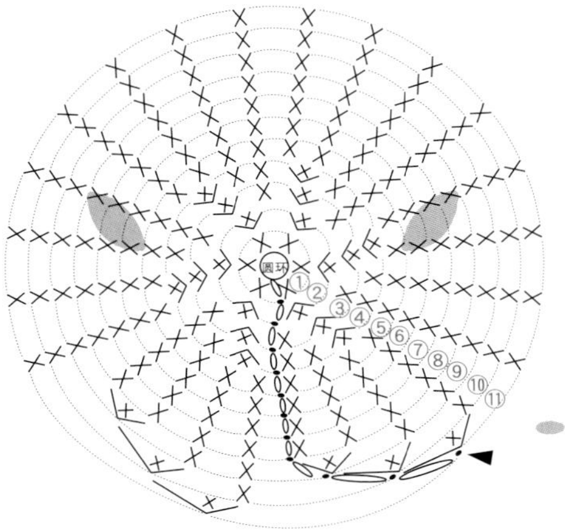

头部b的针数表

行数	针数	加减针数
11	18	−2
10	20	−2
9	22	−2
5～8	24	
4	24	+6
3	18	+6
2	12	+6
1	6	

＝眼睛直线缝针迹的位置

用745缝5次（上）

用900缝5次（下）

颈部 各1块

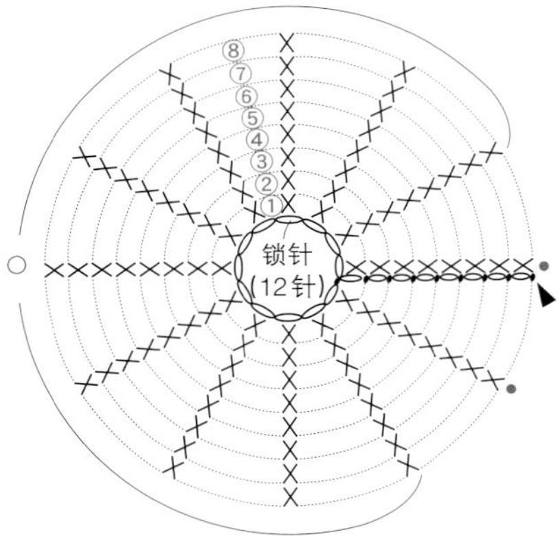

身体a 各1块

※ 钩织身体a之前，先钩织颈部。

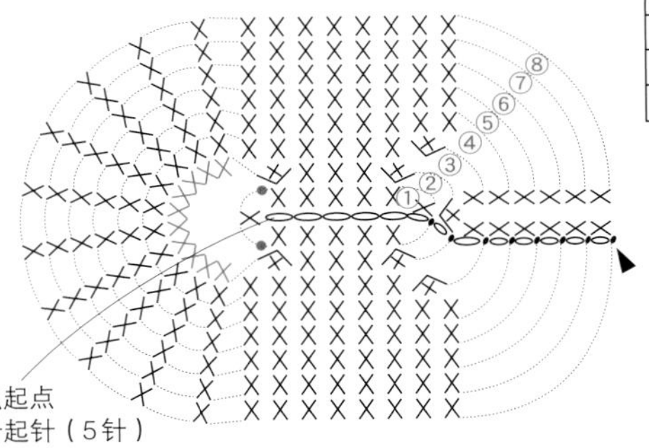

钩织起点

锁针起针（5针）

X（第2行）＝从颈部第8行的○印记（10针）挑针，将颈部和身体a缝合

● 位置＝身体a和颈部订缝缝合

身体a的针数表

行数	针数	加针数
4～8	28	
3	28	+2
2	26	+14
1	12	

身体b 各1块

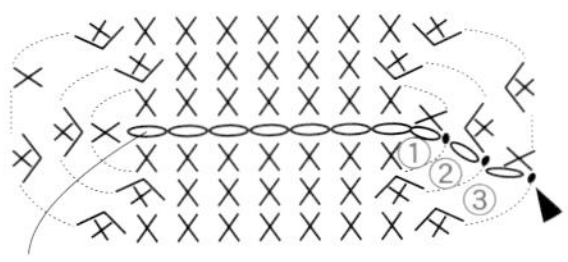

钩织起点

锁针起针（7针）

身体b的针数表

行数	针数	加针数
3	28	+6
2	22	+6
1	16	

脚 各4块

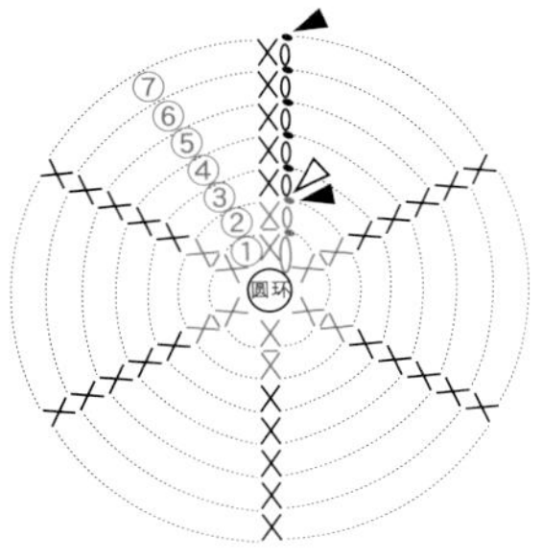

X（第2行）＝短针的条针

耳朵 各2块

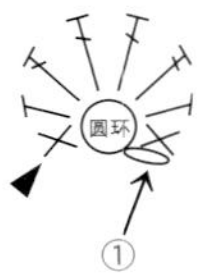

花样 各5块

尾巴 各1根

钩织起点

锁针起针（5针）

在尾巴的顶端拼接流苏。

拼接流苏的方法

4cm的两根线（12股线）对折后穿入尾巴☆印记的针脚中

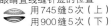

准备材料

{编织线}DMC 25号刺绣线
作品102：绿色系（3346），3束
作品103：粉色、红色系（3328），2束
作品104：粉色、红色系（355），2束；白色系（3865），少许
作品105：蓝色系（823），2束；白色系（3865），少许

{其他}
作品104、105共通
直径6mm的子母扣：1对
{针}
蕾丝针0号

作品102 裤子下裆 2块

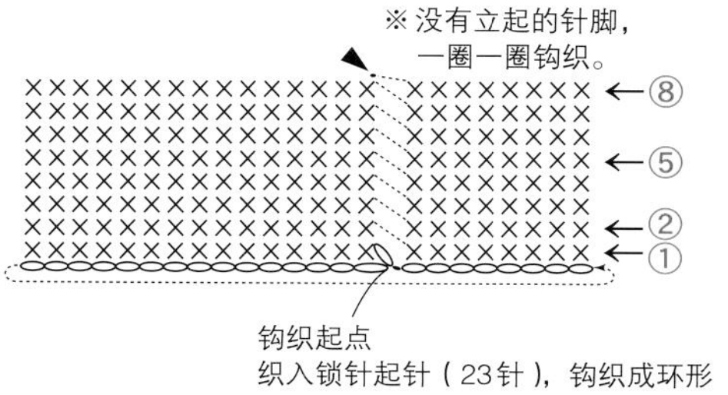

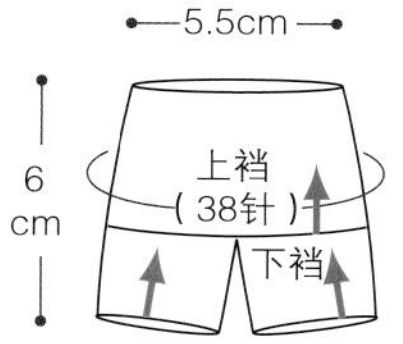

作品102 裤子上裆

※没有立起的针脚，一圈一圈钩织。

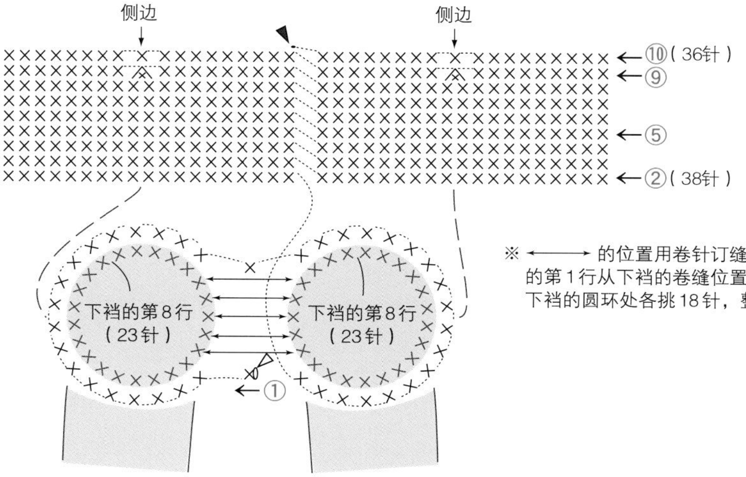

※ ←→ 的位置用卷针订缝缝合。上裆的第1行从下裆的卷缝位置各挑1针，从下裆的圆环处各挑18针，整体挑38针。

作品103 短裙

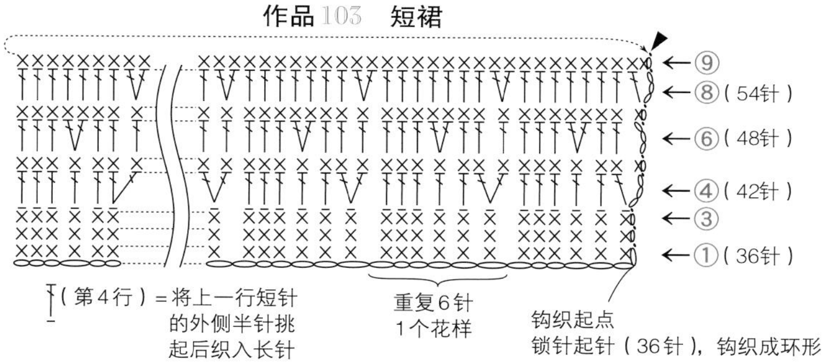

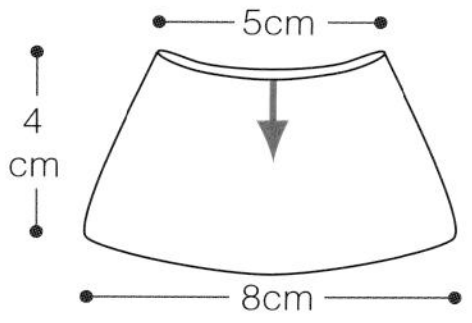

作品104、105 单肩挎包

作品104=355
作品105=823

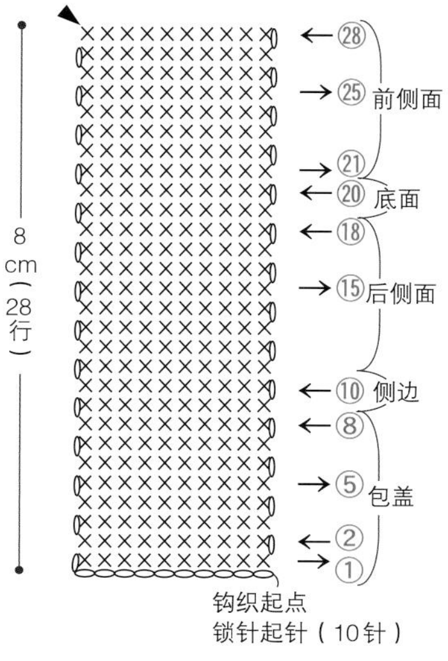

包盖的刺绣

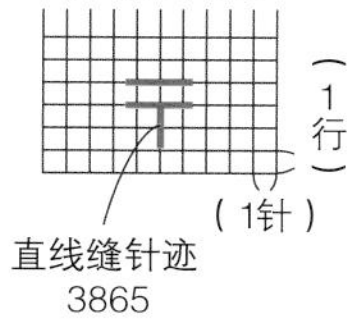

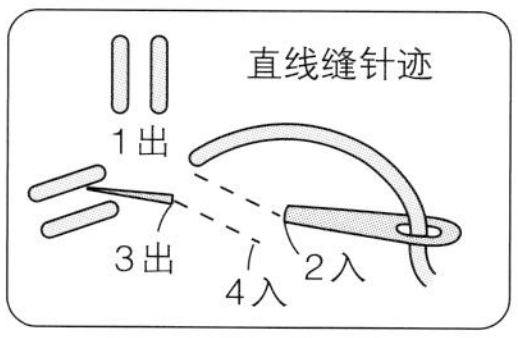

作品104、105 肩带

作品104=355
作品105=823

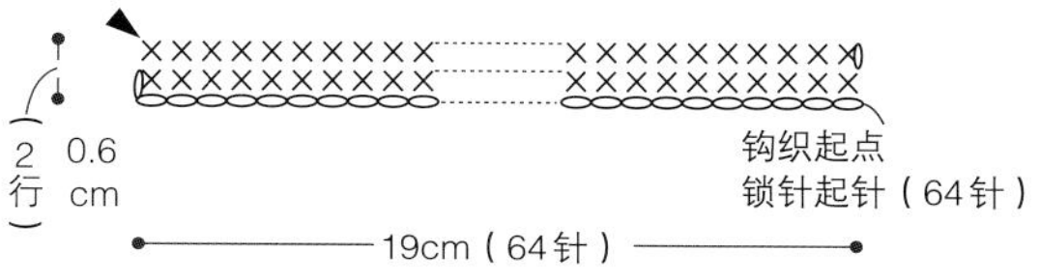

单肩挎包的拼接方法

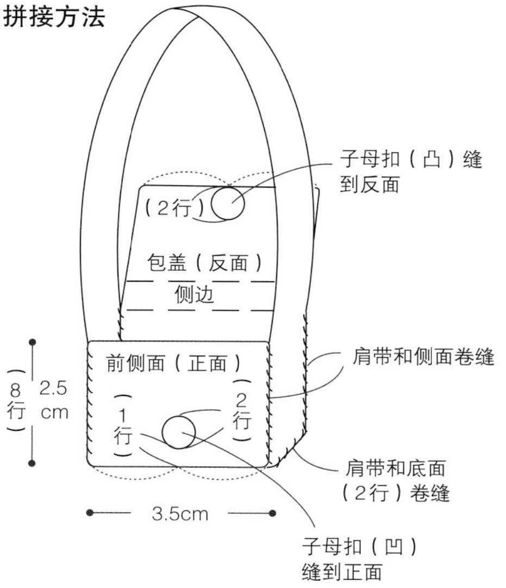

准备材料

{编织线}奥林巴斯25号刺绣线

作品24：茶色系（785），3.5束；橙色系（751），1束；粉色系（127）、黑色（900），各0.5束；本白色系（850），少许

作品25：橙色系（556），3.5束；橙色系（751），1束；粉色系（127）、黑色（900），各0.5束；本白色系（850）、茶色系（785），各少许

作品26：橙色系（1053），3.5束；橙色系（751），1束；粉色系（127）、黑色（900），各0.5束；本白色系（850）、茶色系（785），各少许

{其他}

作品24～26共通

填充棉：适量

{针}钩针2/0号

猴子的配色表

	24	25	26
脸（反面）、身体	785	556	1053
脸（正面）━━	751		
脸（正面）——	785	556	1053
耳朵、手脚、尾巴	785	556	1053
脸颊	127		
鼻子、嘴巴的针迹	785		
眼睛	900		

手、脚 各2块

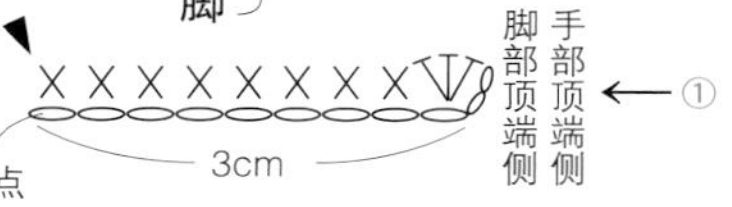

钩织起点
锁针起针（9针）

尾巴 各1根

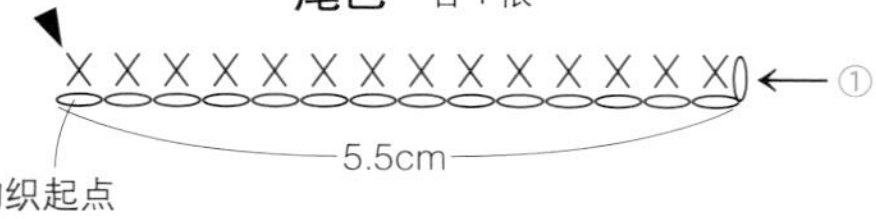

钩织起点
锁针起针（20针）

脸（正面）、（反面） 各1块

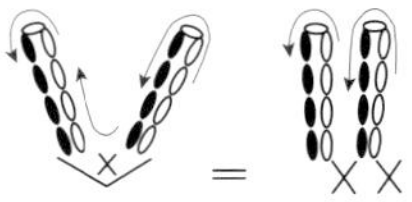

毛发

※仅在正面的1块织片处钩织毛发。

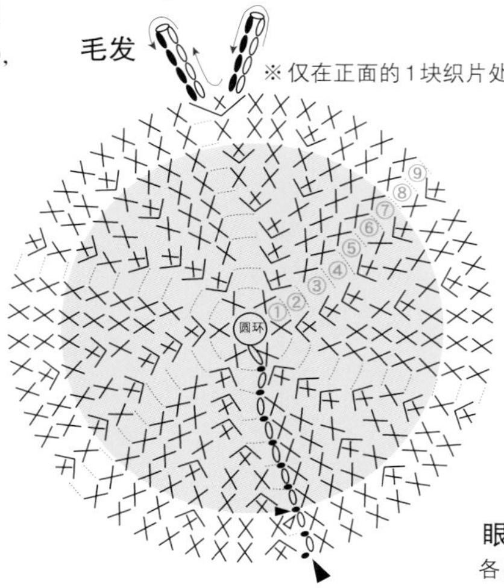

脸的针数表

行数	针数	加针数
9	54	+6
8	48	+6
7	42	+6
6	36	+6
5	30	+6
4	24	+6
3	18	+6
2	12	+6
1	6	

身体 各2块

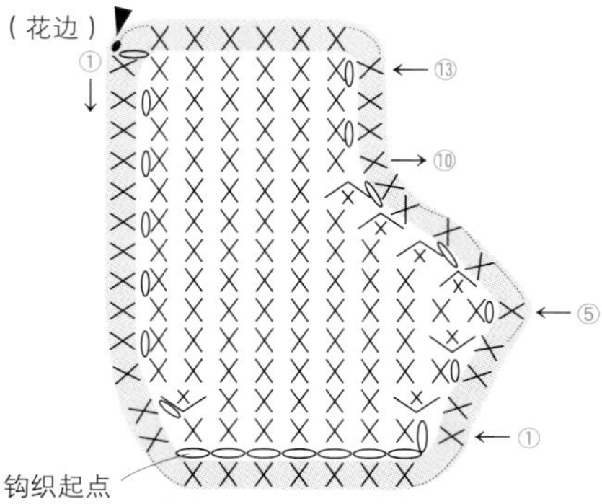

钩织起点
锁针起针（7针）

眼睛 各2块

脸颊 各2块

耳朵 各2块

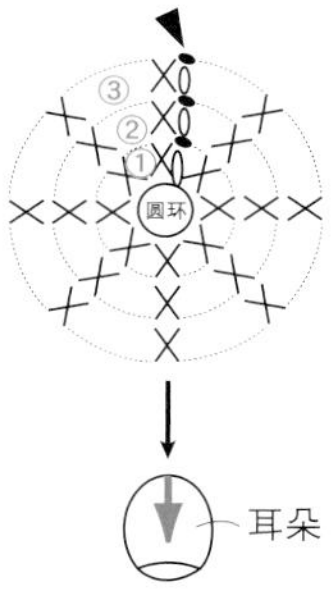

※最终行折叠后缝好。

猴子的拼接方法

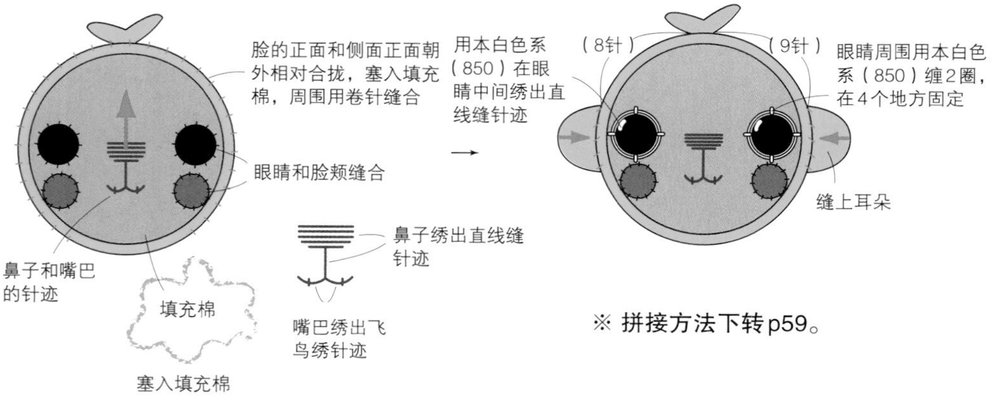

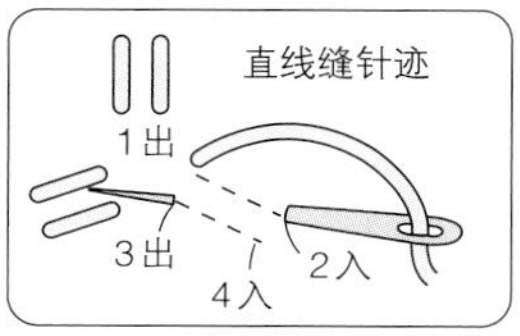

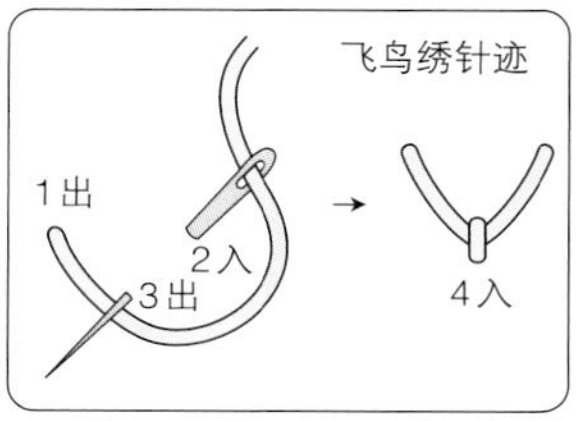

※拼接方法下转p59。

准备材料

{编织线} DMC 25号刺绣线

作品27：芥末色系（3820），2束；茶色系（3862），1束；驼色系（435）、绿色系（3012）、茶色系（839），各0.5束

作品28：绿色系（3816），2束；茶色系（433），1束；茶色系（3371），0.5束

{其他}

作品27、28共通

珍珠串珠：黑色、3mm，各2颗

填充棉：适量

{针}

蕾丝针0号

松鼠的配色表

	27	28
——	3820	3816
——	3862	433
▬	839	3371

主体 各2块

主体的钩织方法

①钩织18行身体，接着周围织入1行，同时钩织耳朵、脚、手。

②接线，钩织尾巴部分。钩织两块此状态的织片。

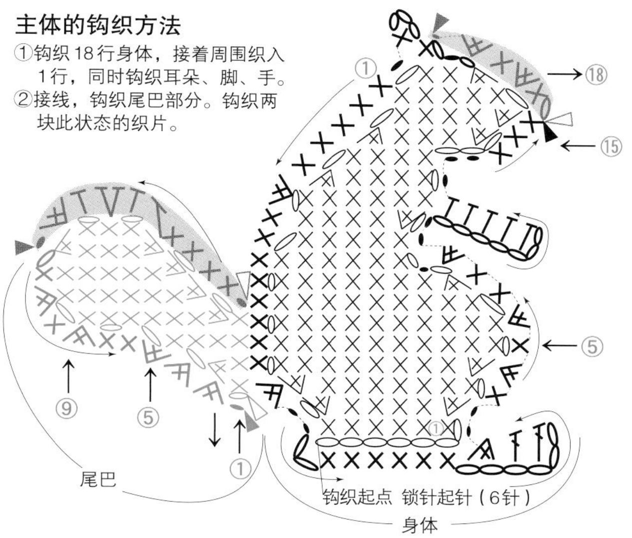

27 橡子 1块

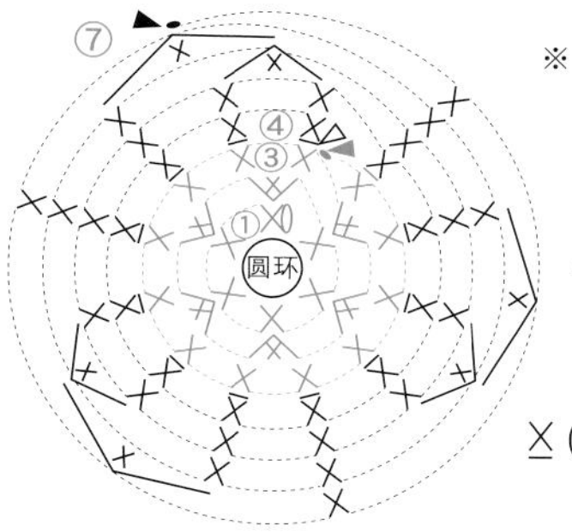

※茎部用钩织起点的线钩织（2针）锁针。

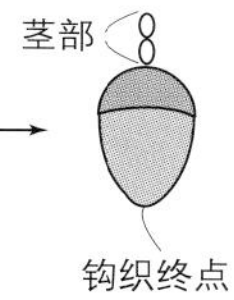

X（第4行）= 短针的条针

※第2行以后无须钩织立起的锁针，一圈一圈钩织即可。

※塞入少许填充棉，线头穿入最终行的针脚中，收紧。

松鼠的拼接方法

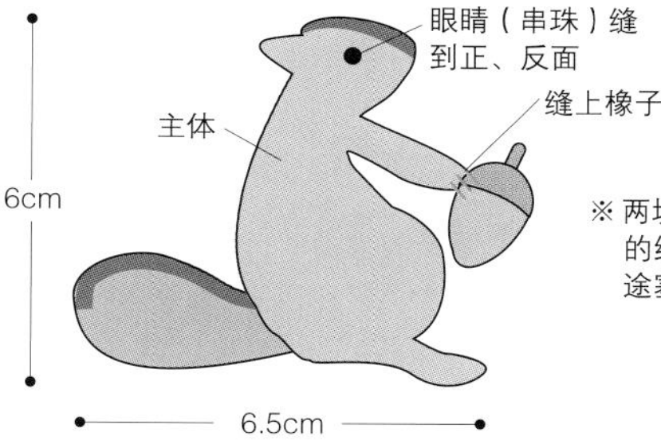

※两块主体（钩织好身体和尾巴的织片）重叠，周围卷缝。中途塞入填充棉，缝合。

24～26 猴子的后续

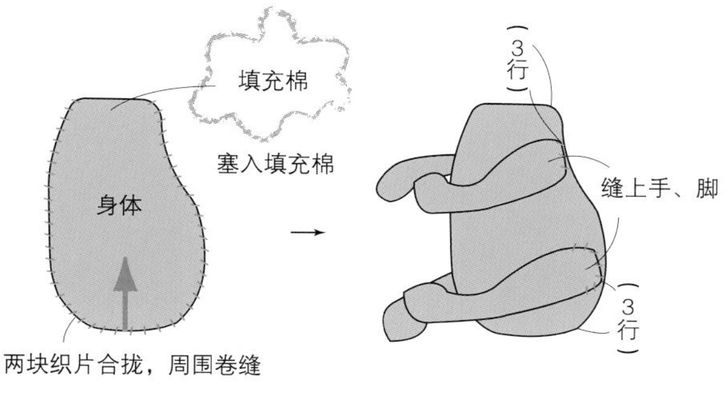

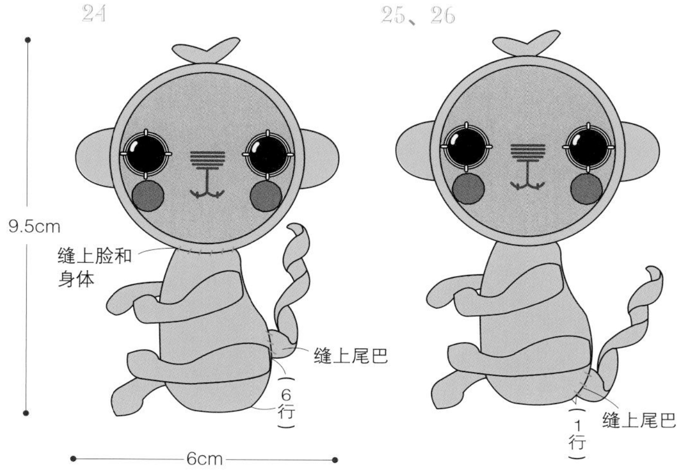

准备材料

{编织线} DMC 25号刺绣线
作品29：芥末色系（3820），2束；茶色系（3371）、粉色系（600），各0.5束；绿色系（520），少许
作品30：茶色系（3862），2束；本白色系（712）、茶色系（3031），各0.5束
{其他}
作品29、30共通
珍珠串珠：黑色、3mm，各2颗
填充棉：适量
{针}
蕾丝针0号

鼻尖 各1块

尾巴 各1块

※ 线头穿入第2行的头针中，稍微缝好后收紧。

主体 各2块（除耳朵以外的部分）

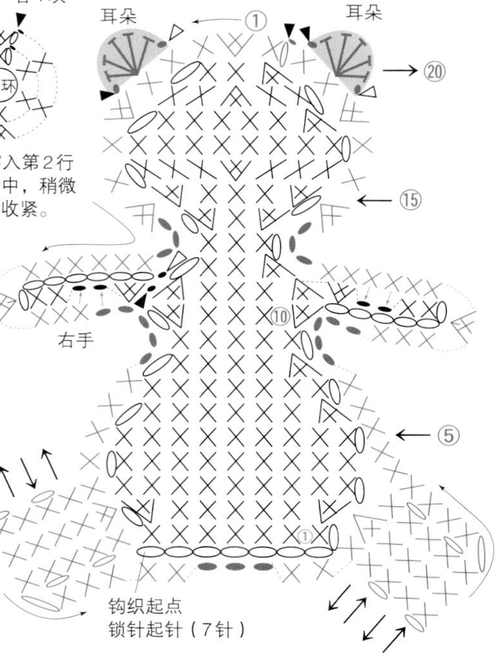

	29	30
主体 ——	3820	3862
主体 ——		
耳朵 ——	3371	3031
尾巴		
鼻尖		

小熊的拼接方法

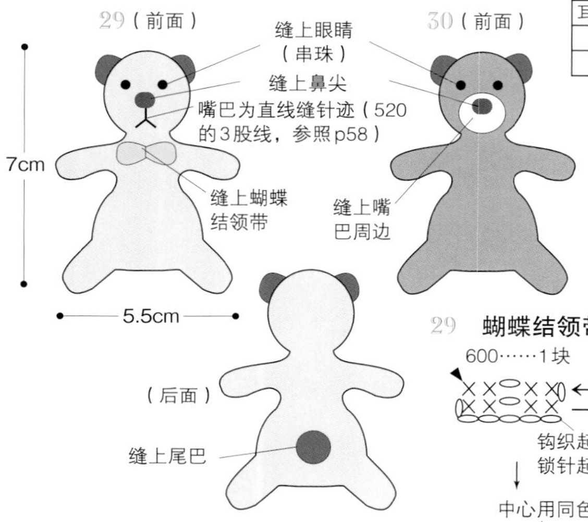

29 蝴蝶结领带

600……1块

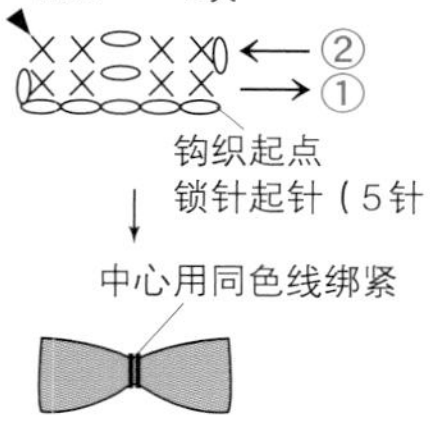

30 嘴巴周围

712……1块

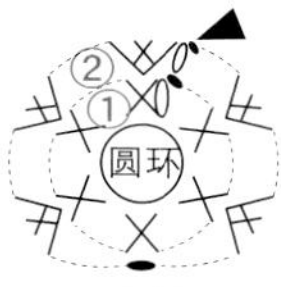

主体的钩织方法

①接着钩织起点织入20行，然后暂时停下编织线。在右手部分接线，参照图钩织。从之前停下编织线的地方一圈一圈钩织，同时钩织出脚部。此状态的织片钩织2块。
②步骤①的两块重叠，在耳朵部分接线，从前后的针脚处逐一挑线，继续钩织。
③除耳朵以外，周围用卷针缝合。中途塞入填充棉，继续缝合。

准备材料

{编织线} DMC 25号刺绣线
作品31：绿色系（165），2束；蓝色系（161）、绿色系（646），各0.5束
作品32：黄色系（726），2束；肉桂色系（921），茶色系（433），各0.5束
{其他}
作品31、32共通
珍珠串珠：黑色、3mm，各2颗
填充棉：适量
{针}
蕾丝针0号

长颈鹿的拼接方法

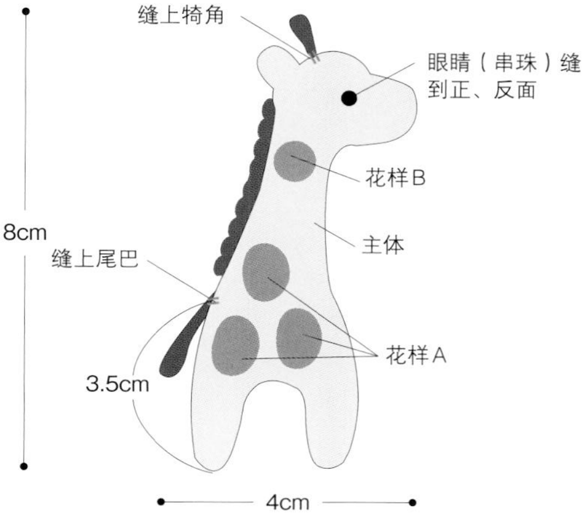

※ 钩织方法参照p61。

准备材料

{编织线} DMC 25号刺绣线

作品33：黄色系（726），2.5束；绿色系（520）、蓝色系（3750），各0.5束

作品34：粉色系（3326），2.5束；肉桂色系（922）、粉色系（3687），各0.5束

作品35：淡蓝色系（747），2.5束；蓝色系（3765）、淡蓝色系（3766），各0.5束

{其他}

作品33～35共通

珍珠串珠：黑色、3mm，各2颗

填充棉：适量

{针}

蕾丝针0号

尾巴
各1块

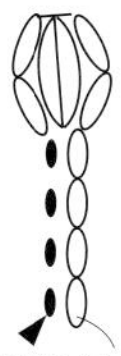

主体
各2块

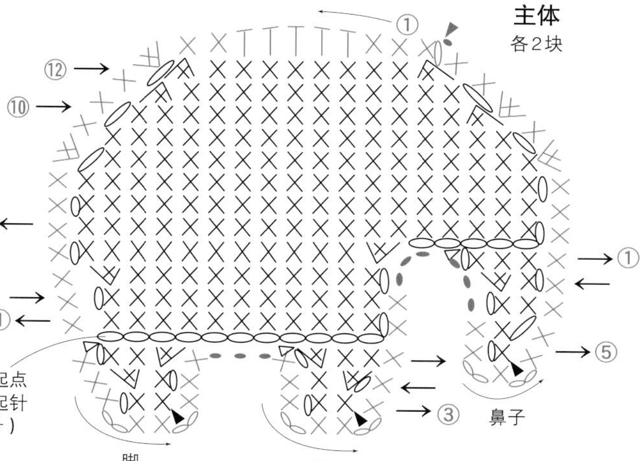

大象的拼接方法

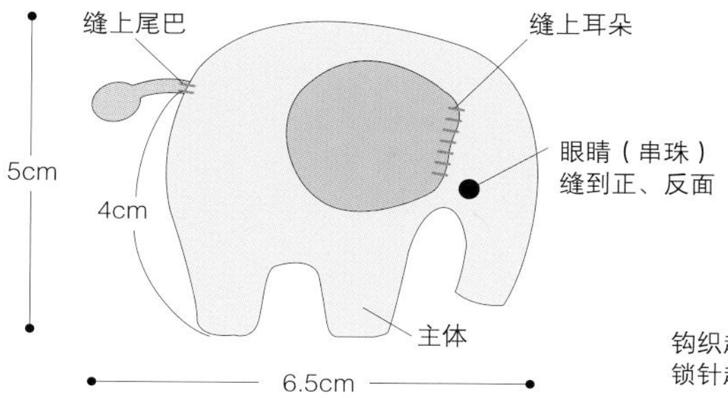

耳朵 各2块

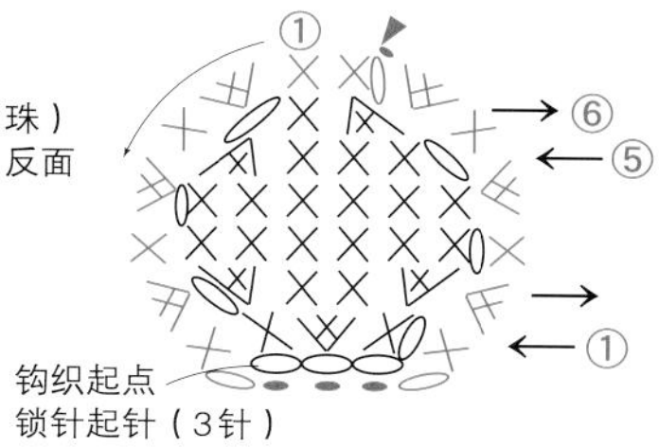

主体的钩织方法

①接着钩织起点织入12行，然后暂时停下编织线。在脚部、鼻部接线，参照图分别钩织。从之前停下编织线的地方一圈一圈钩织。此状态的织片钩织2块。

②步骤①的两块重叠，周围进行卷缝。中途塞入填充棉，继续缝合。

大象的配色表

	33	34	35
主体	726	3326	747
耳朵	520	922	3765
尾巴	3750	3687	3766

作品31、32 长颈鹿的后续

主体
各2块

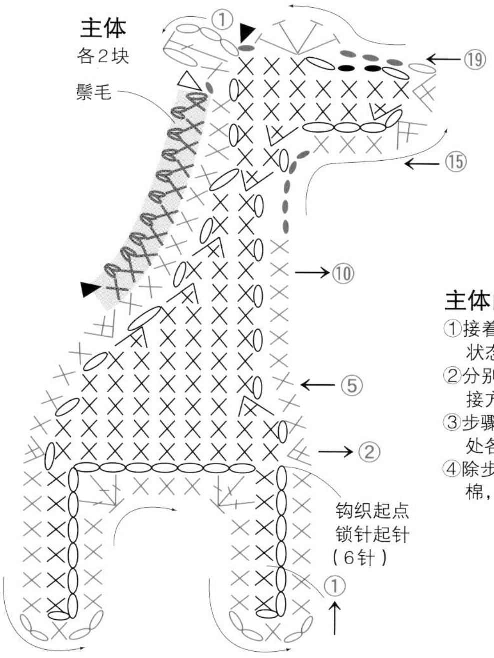

长颈鹿的配色表

	31	32
主体 ——	165	726
主体 ——		
鬃毛 ——	161	921
尾巴		
犄角		
花样A	646	433
花样B		

犄角
各1块

尾巴
各1块

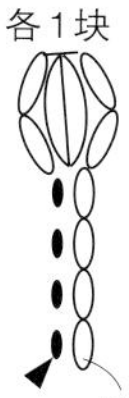

主体的钩织方法

①接着钩织起点织入19行，然后再在周围钩织1行。此状态的织片（除鬃毛以外的部分）钩织2块。

②分别在步骤①缝两块花样A、花样B（参照p60的拼接方法）。

③步骤②的两块重叠，在鬃毛部分接线，从前后的针脚处各挑1根线，继续钩织。

④除步骤③的鬃毛以外，周围进行卷缝。中途塞入填充棉，继续缝合。

花样A
各6块

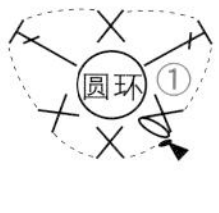

花样B
各2块

准备材料

{编织线}奥林巴斯25号刺绣线

作品36：本白色系（850），4束；茶色系（737）、橙色系（1053），各0.5束；绿色系（223），少许

作品37：本白色系（850），4束；茶色系（737），0.5束

作品38：本白色系（850），4束；茶色系（737），0.5束

作品39：本白色系（850），4束；茶色系（737）、绿色系（223），各0.5束

{其他}

作品36～39共通

眼珠配件：插入型、黑色、3.5mm，各1对

填充棉：适量

{针}

钩针2/0号

头部 850 各1块

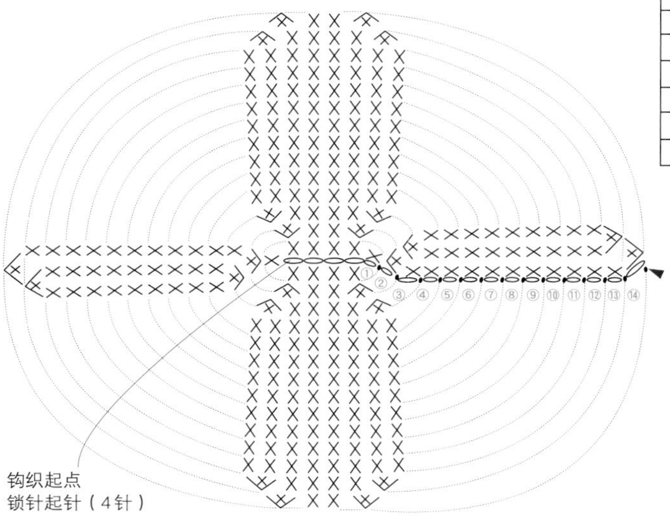

头部的针数表

行数	针数	加减针数
14	10	−6
13	16	−6
4～12	22	
3	22	＋6
2	16	＋6
1	10	

耳朵 850 各2块

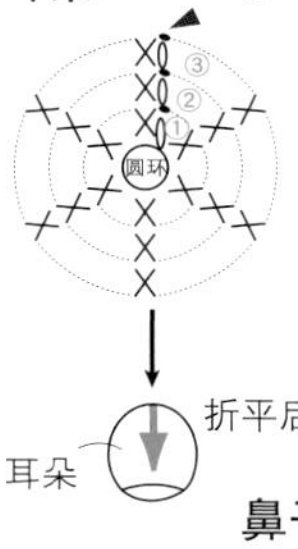

手 850 各2块

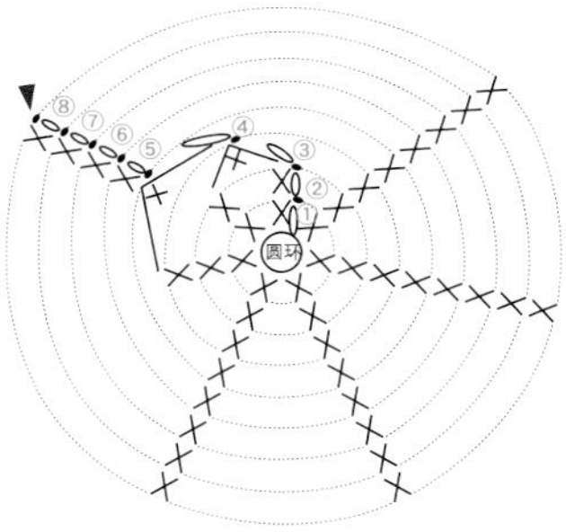

手的针数表

行数	针数	减针数
5～8	5	
4	5	−1
3	6	−1
1、2	7	

鼻子 737 各1块

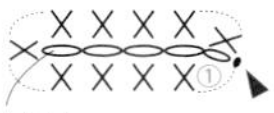

钩织起点
锁针起针（4针）

身体 850 各1个

※立起针脚的位置作为背面。

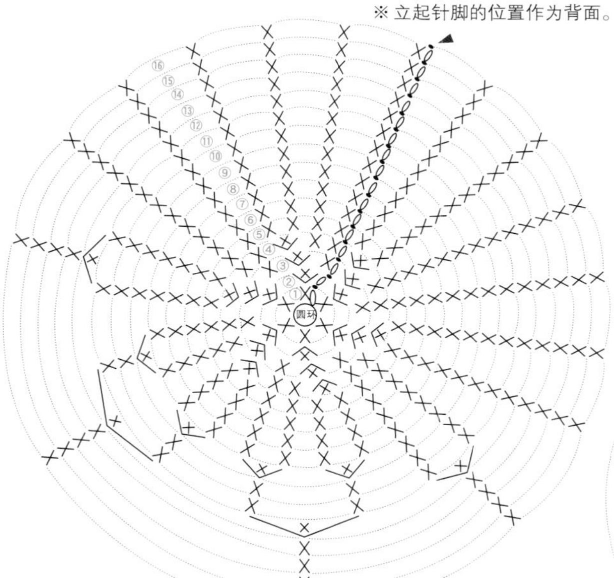

身体的针数表

行数	针数	加减针数
13、16	16	
12	16	−4
10、11	20	
9	20	−4
5～8	24	
4	24	＋6
3	18	＋6
2	12	＋6
1	6	

脚 850 各2块

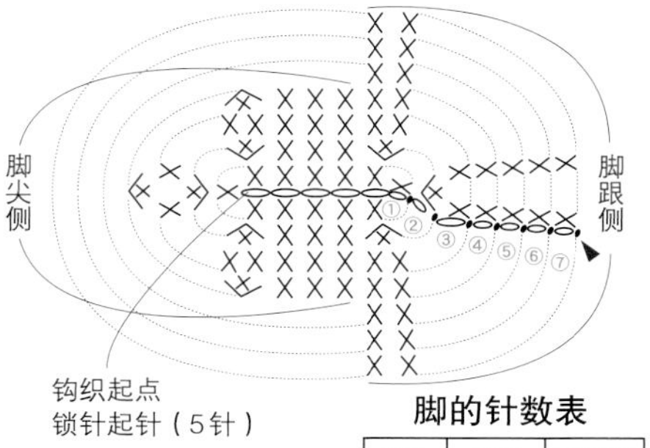

脚的针数表

行数	针数	加减针数
6、7	6	
5	6	−9
4	15	−3
3	18	
2	18	＋6
1	12	

作品36 苹果 1053

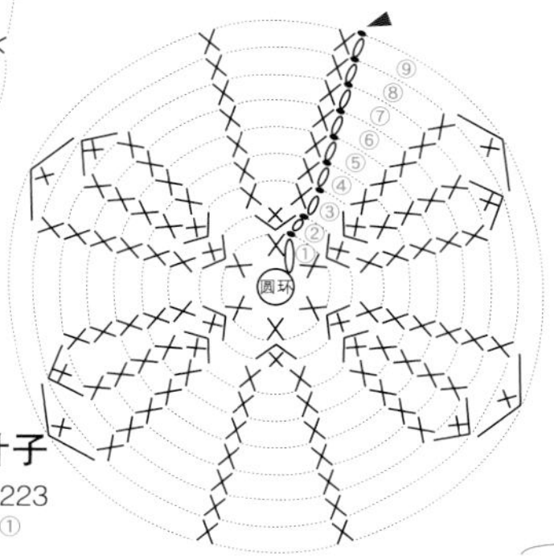

苹果的针数表

行数	针数	加减针数
9	8	−4
8	12	−4
4～7	16	
3	16	＋4
2	12	＋6
1	6	

作品36 苹果的叶子 223

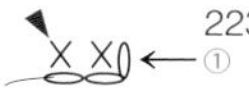

钩织起点
锁针起针（2针）

作品39 围巾 223

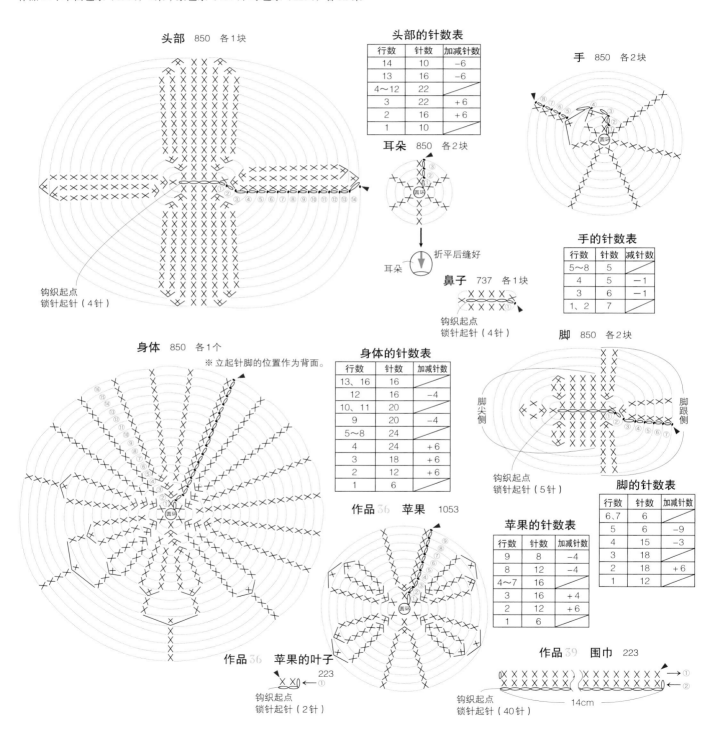

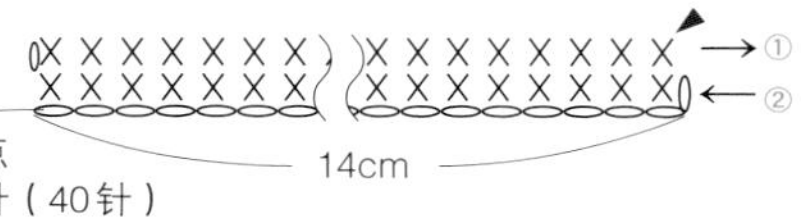

钩织起点
锁针起针（40针）

白熊的拼接方法

头部

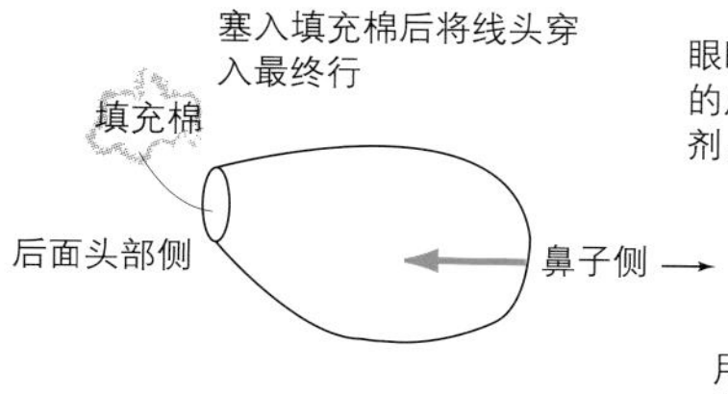

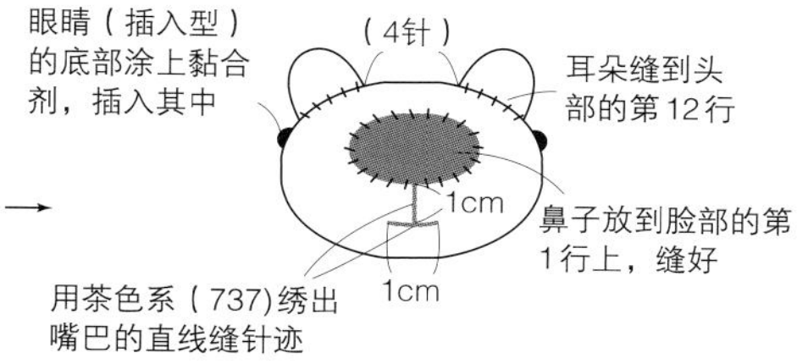

手、脚

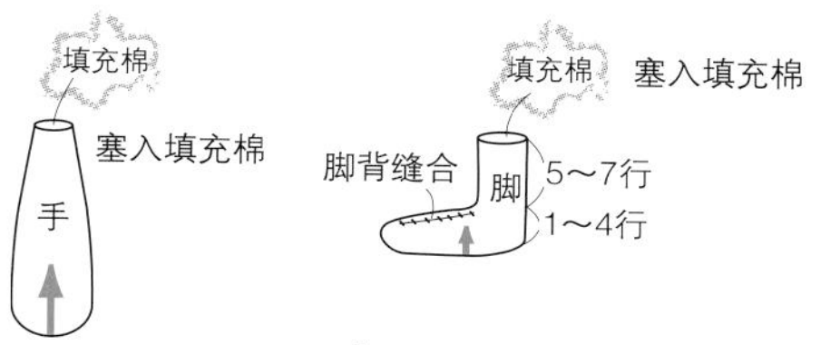

苹果

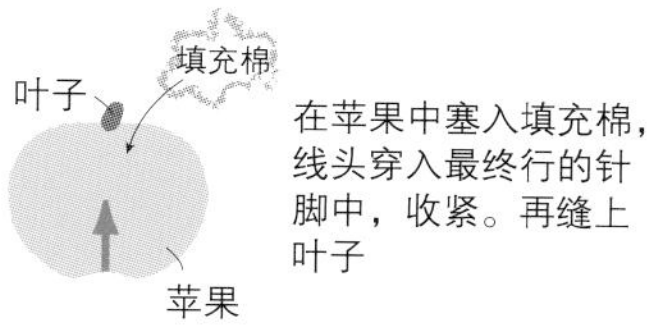

身体

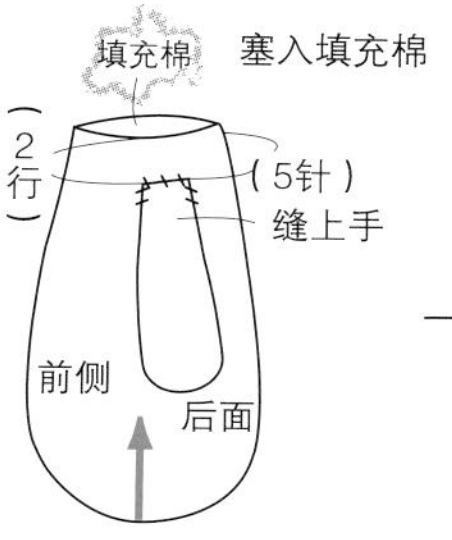

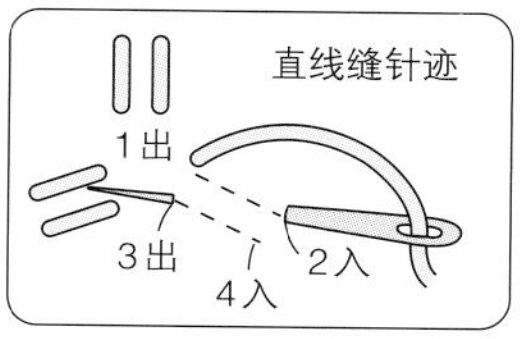

39

38

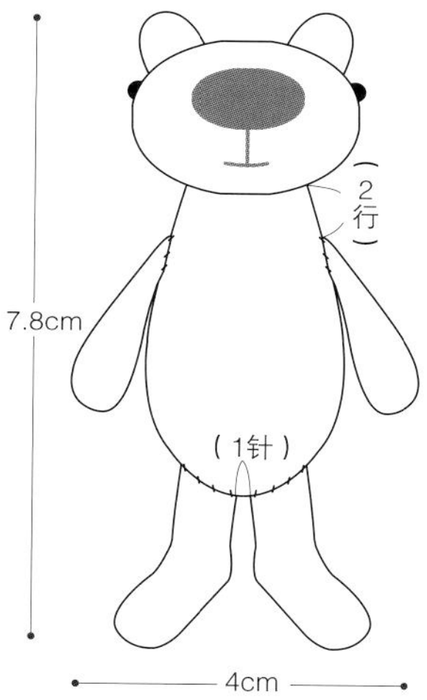

36

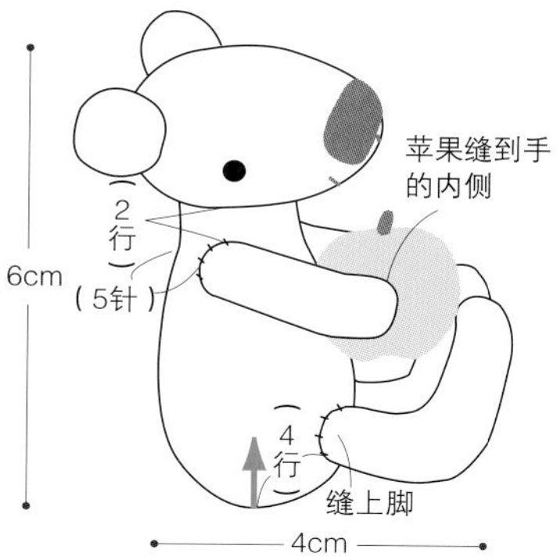

37

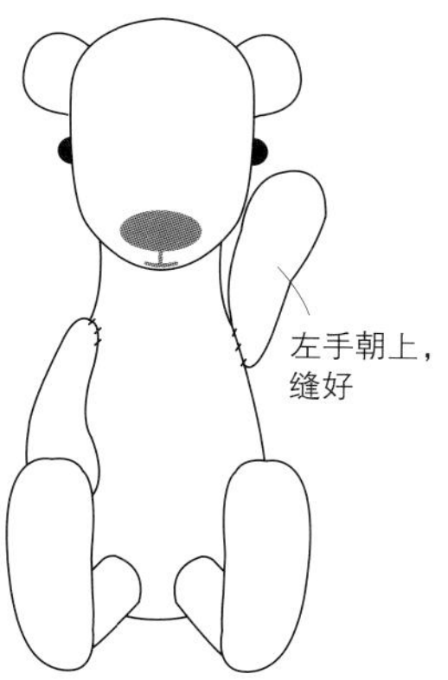

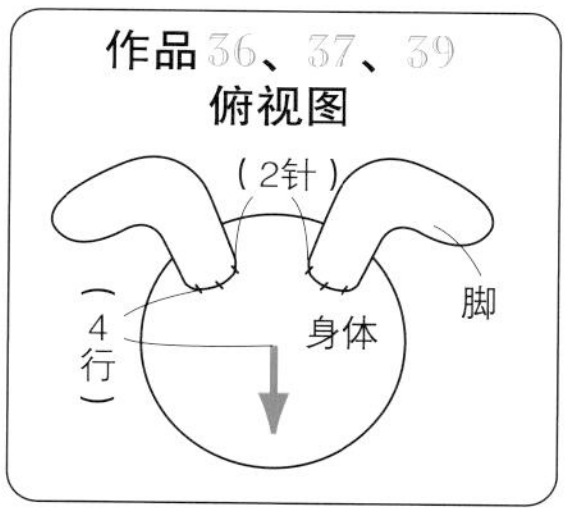

基础课程

固眼的拼接方法 ※插入型的眼睛配件也按同样的方法拼接。

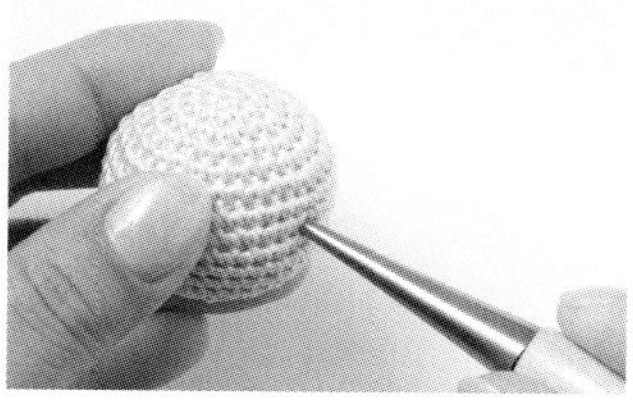

1 用锥子将拼接眼睛位置的针脚拉大，便于插入固眼。

2 固眼涂上黏合剂。

3 插入拼接眼睛的位置，用黏合剂固定。

准备材料

{编织线} 奥林巴斯25号刺绣线

作品40：绿色系（2052），2束；绿色系（2050），1束；橙色系（753）、白色系（800），各0.5束

作品41：绿色系（292），2束；黄色系（520），1束；橙色系（535）、白色系（800），各0.5束

作品42：绿色系（2051），2束；绿色系（251），1束；橙色系（172）、白色系（800），各0.5束

作品43：绿色系（232），2束；绿色系（229），1束；橙色系（175）、白色系（800），各0.5束

作品44：茶色系（844），2束；黄色系（7020），1束；橙色系（753）、本白色系（850），各0.5束

{其他}

作品40～44共通

填充棉：适量

HAMANAKA透明眼睛：作品40 透明蓝色、4.5mm，1对；

作品41～43共通 金色4.5mm，各1对；

作品44 浅棕色、4.5mm，1对

{针}

蕾丝针0号

——……与嘴缝合的位置

——……与背和腹部缝合的位置

嘴巴、牙齿

各1块

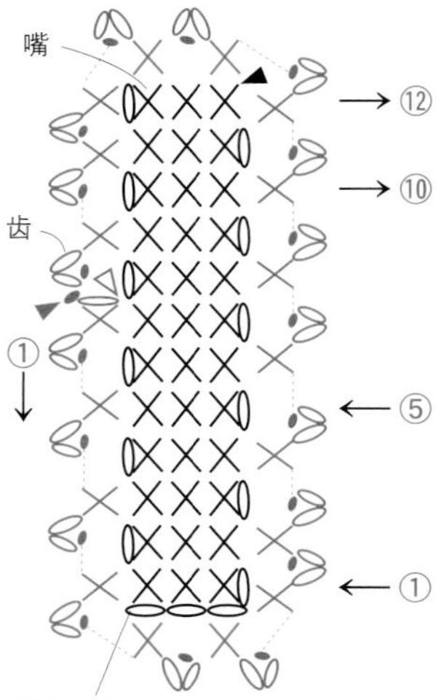

腹部

各1块

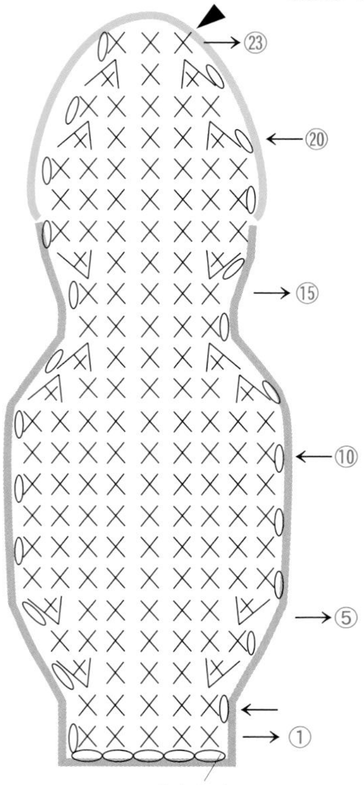

钩织起点
锁针起针（5针）

背

各1块

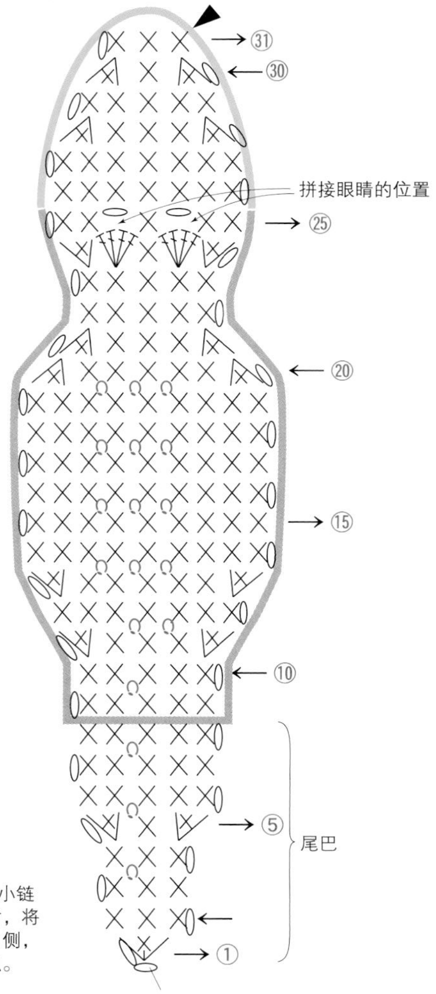

钩织起点
锁针起针（1针）

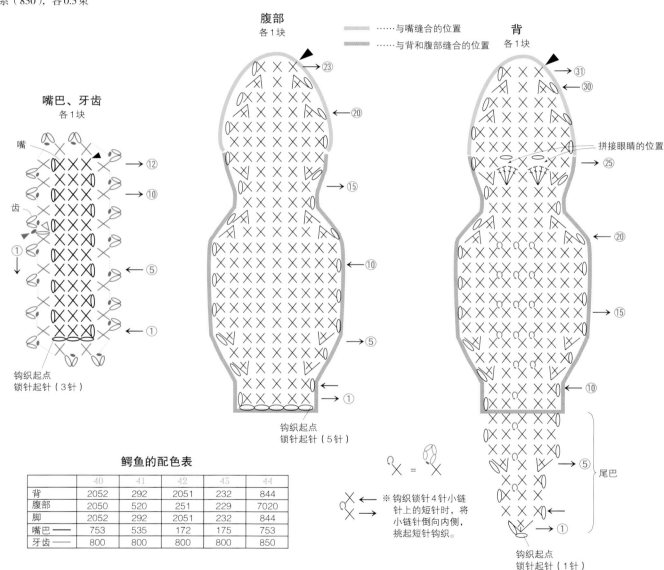

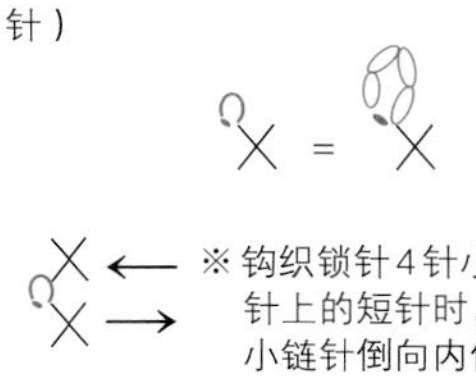

※钩织锁针4针小链针上的短针时，将小链针倒向内侧，挑起短针钩织。

鳄鱼的配色表

	40	41	42	43	44
背	2052	292	2051	232	844
腹部	2050	520	251	229	7020
脚	2052	292	2051	232	844
嘴巴 ——	753	535	172	175	753
牙齿 ——	800	800	800	800	850

脚

各4块

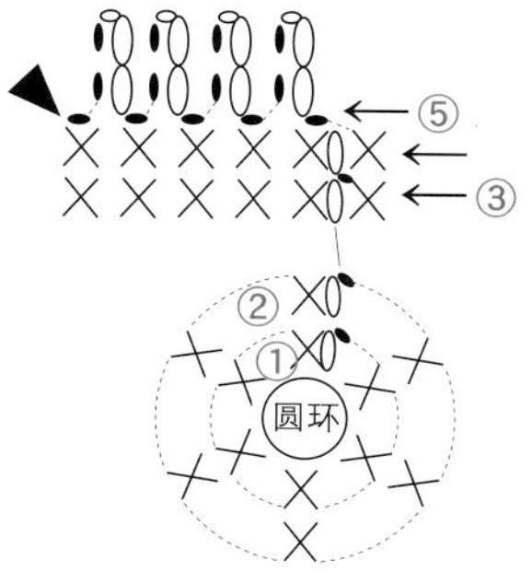

※ 塞入填充棉。

鳄鱼的拼接方法

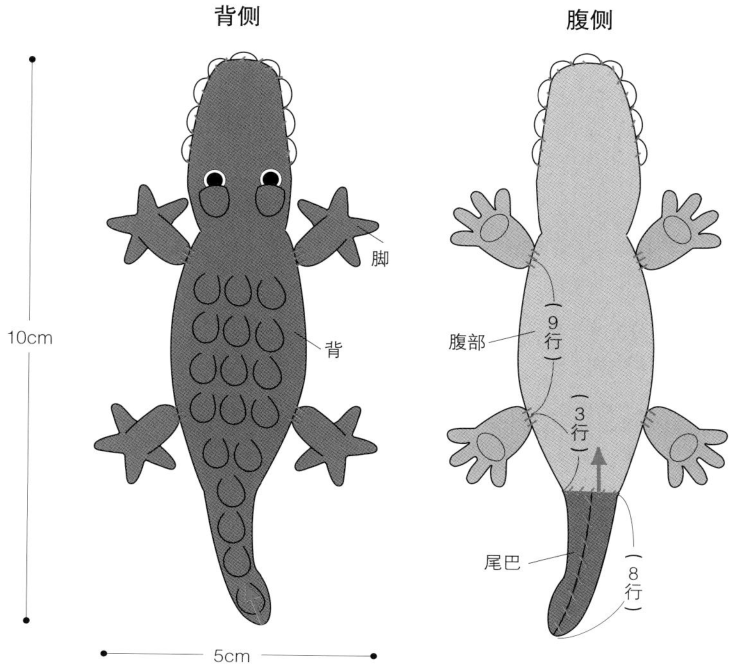

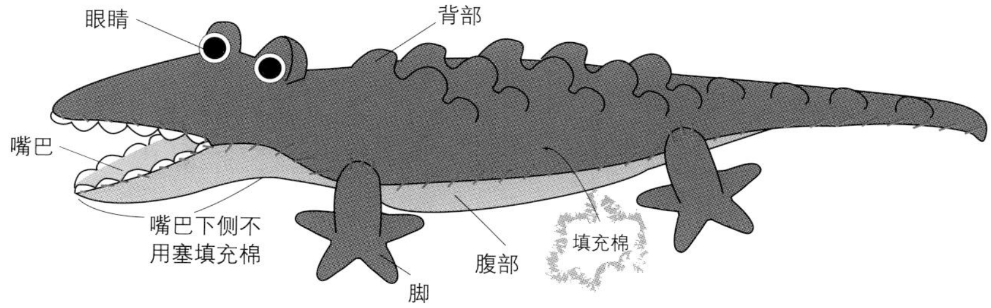

拼接方法顺序

①背与腹部正面朝外相对合拢缝好，尾巴缝到两侧。

②步骤①中塞入填充棉。

③嘴和背、腹部拼接嘴巴的位置重叠对齐，缝合。

④缝上脚。

⑤眼睛（透明眼睛）的底部涂上黏合剂，插入其中。

作品45～49 乌龟的后续

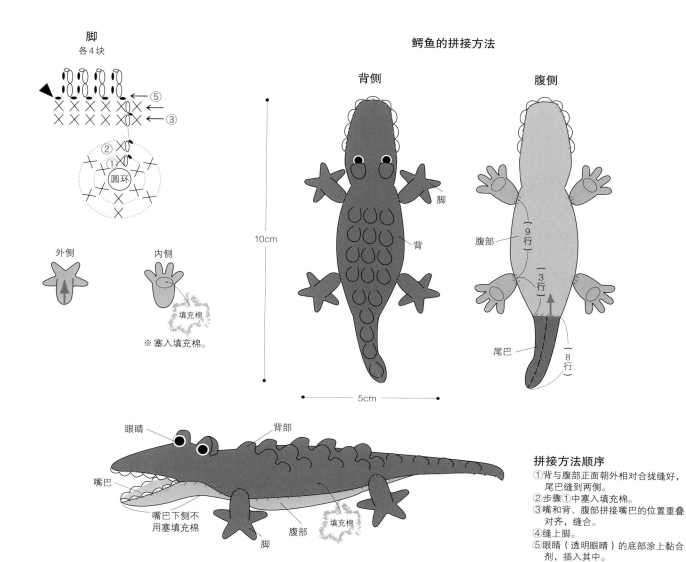

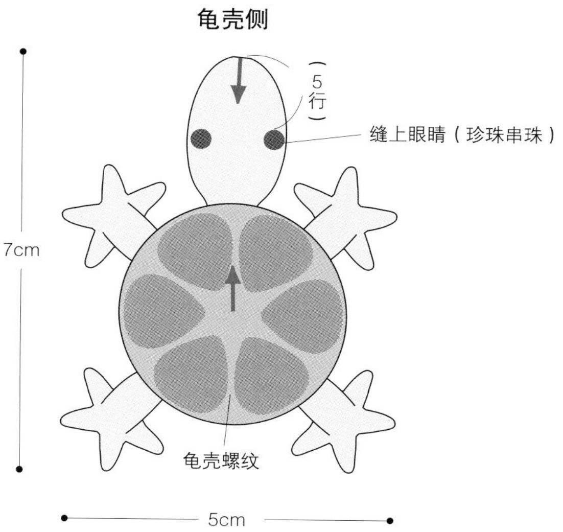

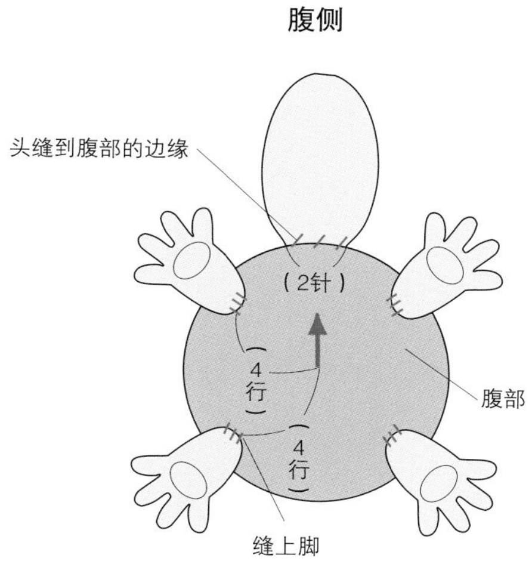

准备材料

{编织线} 奥林巴斯25号刺绣线

作品45：绿色系（229）、绿色系（227），各1.5束；绿色系（251），0.5束

作品46：绿色系（2052）、绿色系（2071），各1.5束；粉色系（1043），0.5束

作品47：绿色系（2013）、绿色系（293），各1.5束；橙色系（753），0.5束

作品48：绿色系（223）、绿色系（221），各1.5束；黄色系（522），0.5束

作品49：茶色系（844）、米褐色系（814），各1.5束；黄色系（7020），0.5束

{其他}

作品45～49共通

填充棉：适量

珍珠串珠：金属灰、3mm，各2颗

{针}

蕾丝针0号

乌龟的配色表

	45	46	47	48	49
腹部	229	2052	2013	223	844
龟壳——	229	2052	2013	223	844
龟壳——	251	1043	753	522	7020
头部	227	2071	293	221	814
脚	227	2071	293	221	814

腹部的针数表

行数	针数	加针数
7	36	+6
6	30	+6
5	24	
4	24	+6
3	18	+6
2	12	+6
1	6	

龟壳的针数表

行数	针数	加减针数
5、6	36	
4	36	−6
3	42	+12
2	30	+12
1	18	

腹部

各1块

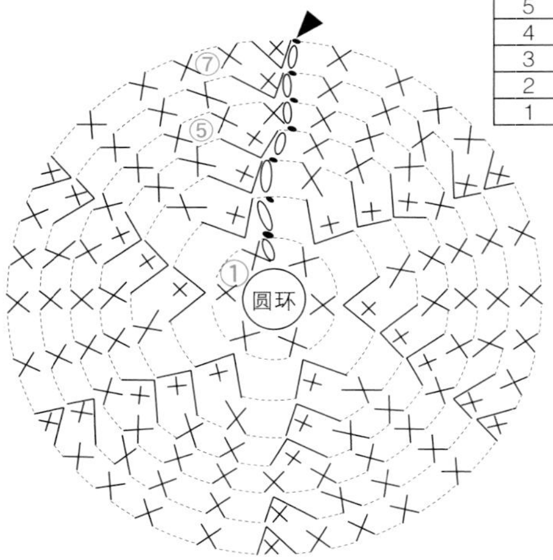

龟壳

各1块

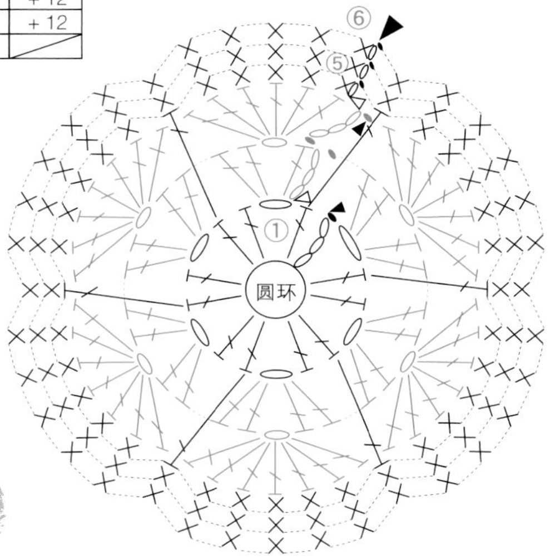

※ 钩织第4行的长针时，将第1行的长针挑起，包住第2、3行钩织。

※ 龟壳与腹部正面朝外相对合拢，卷缝。中途塞入填充棉。

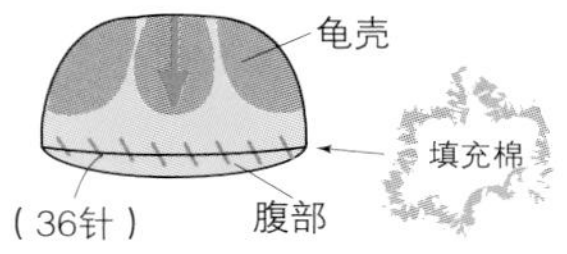

※ 塞入填充棉。

头部

各1块

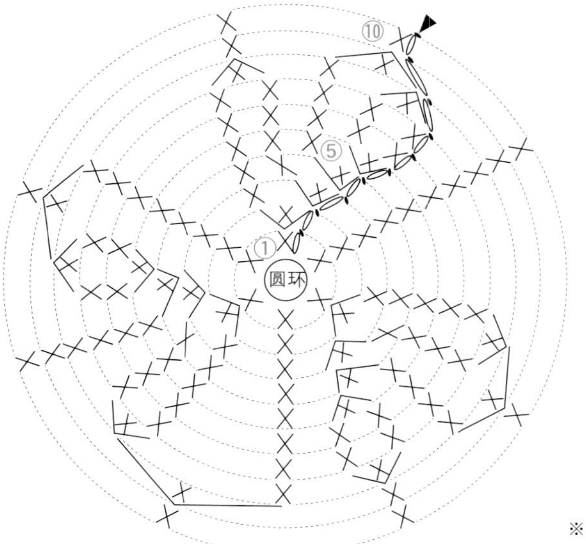

头部的针数表

行数	针数	加减针数
10	8	
9	8	−4
8	12	−6
6、7	18	
5	18	+3
4	15	+3
3	12	+3
2	9	+3
1	6	

※ 塞入填充棉，线头穿入最终行的针脚中，收紧。

脚

各4块

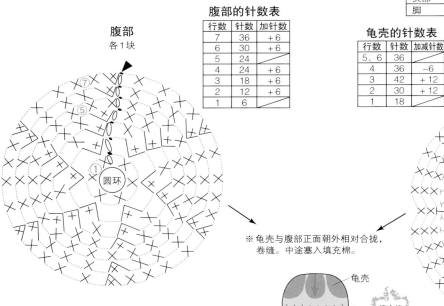

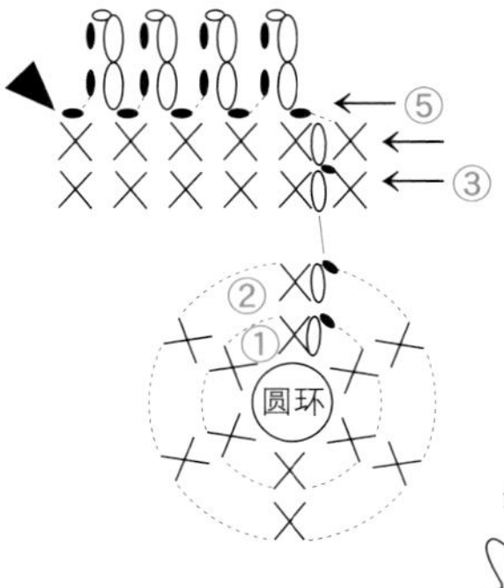

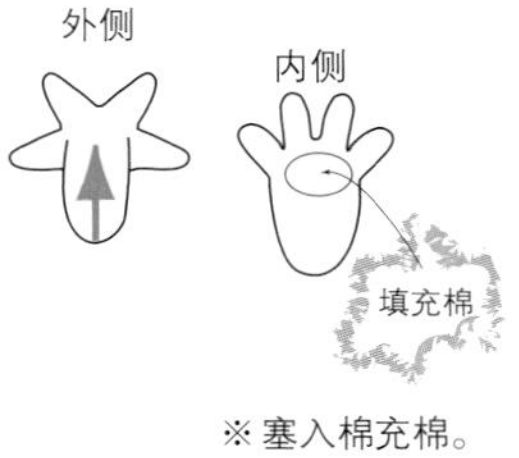

※ 塞入棉充棉。

准备材料

{编织线}奥林巴斯25号刺绣线

作品50：粉色系（1119），1.5束；灰色系（485），1束；橙色系（524），0.5束；白色系（800），少许

作品51：黄色系（501），1.5束；绿色系（274），1束；橙色系（524），0.5束；白色系（800），少许

作品52：橙色系（172），1.5束；绿色系（263），1束；橙色系（524），0.5束；白色系（800），少许

作品53：白色系（800），1.5束；蓝色系（392），1束；橙色系（524），0.5束

作品54：紫色系（3051），1.5束；紫色系（135），1束；橙色系（524），0.5束；白色系（800），少许

作品55：黄色系（544），1.5束；白色系（800），1束；橙色系（524），0.5束

作品56：绿色系（2502），1.5束；红色系（190），1束；橙色系（524），0.5束；白色系（800），少许

作品57：淡蓝色系（371A），1.5束；蓝色系（393），1束；橙色系（524），0.5束；白色系（800），少许

作品58：粉色系（1085），1.5束；绿色系（220），1束；橙色系（524），0.5束；白色系（800），少许

{其他}

作品50～58共通

填充棉：适量

HAMANAKA固眼：黑色、4mm，各1对

{针}

钩针2/0号

头部、身体 各1块

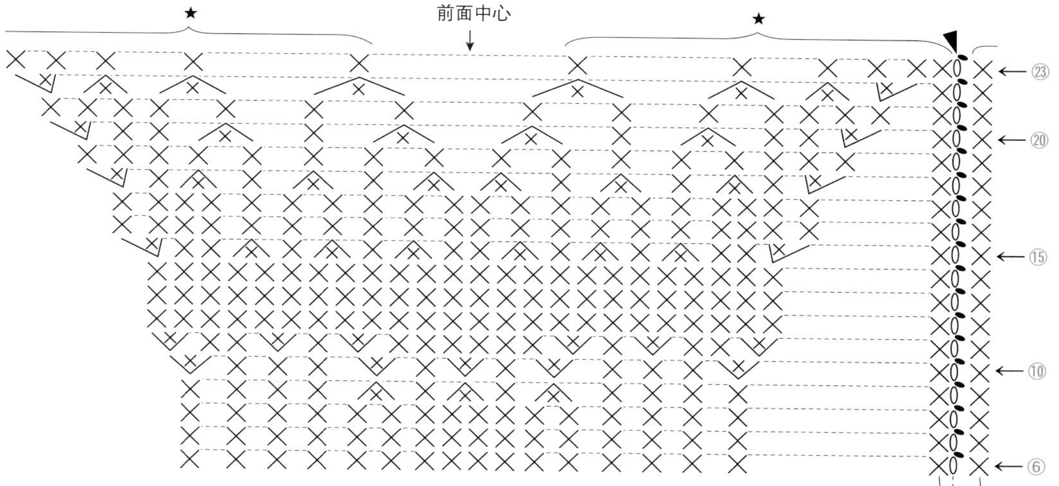

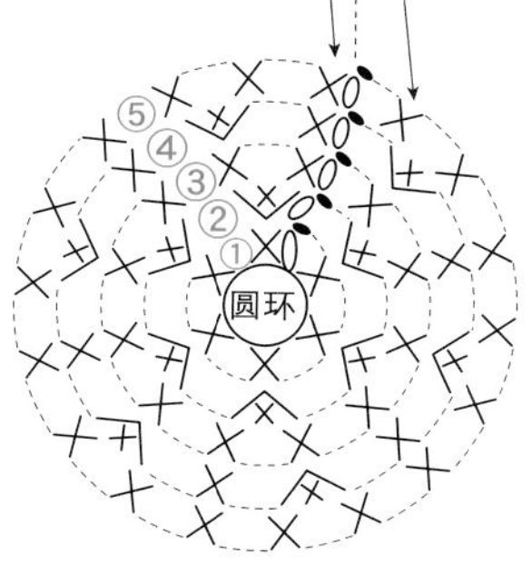

头部、身体的针数表

	行数	针数	加减针数
身体	23	12	
	22	12	−4
	21	16	
	20	16	−2
	19	18	
	18	18	−4
	16、17	22	
	15	22	−4
	12～14	26	
	11	26	＋6
	10	20	＋5
头部	9	15	−3
	5～8	18	
	4	18	＋6
	3	12	
	2	12	＋6
	1	6	

鹦鹉的配色表

	50	51	52	53	54	55	56	57	58
头部、身体	1119	501	172	800	3051	544	2502	371A	1085
翅膀、尾翅	485	274	263	392	135	800	190	393	220
喙、脚	524								
蜡膜	800								

尾翅 各1块

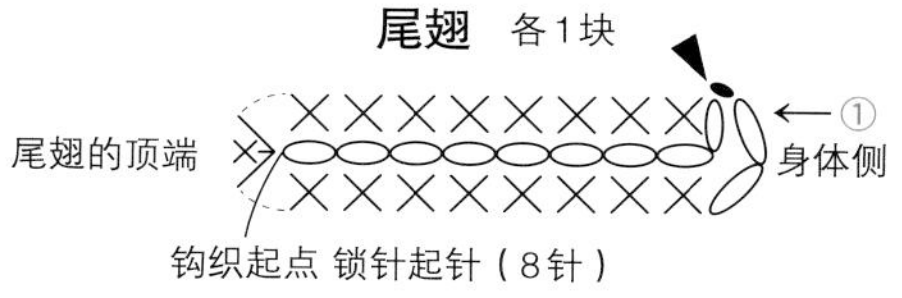

翅膀 各2块

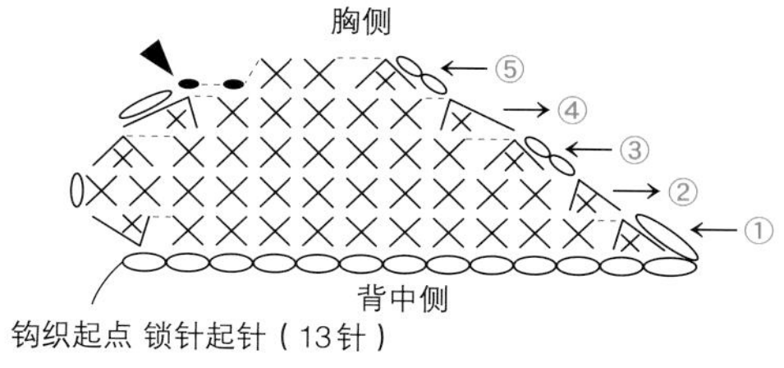

脚 各2块

喙 各1块

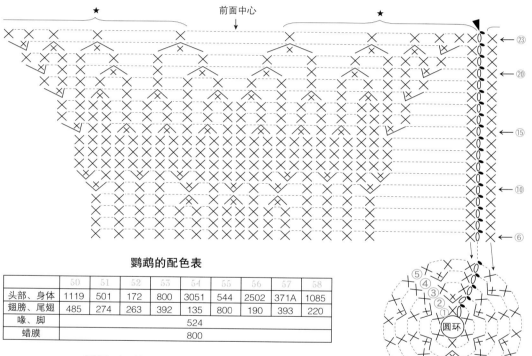

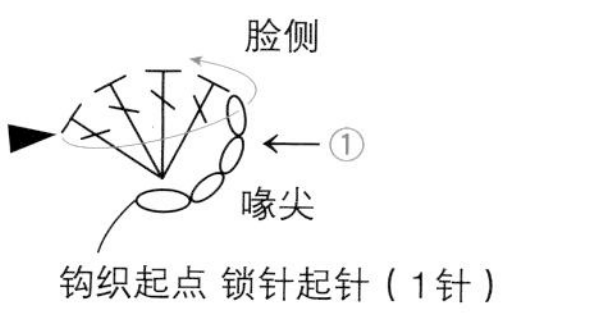

※ 鹦鹉的拼接方法参照p68。

※ 钩织终点处的线留长后剪断。线头穿入立起的第3针锁针中，钩织成立体状。

作品50～58鹦鹉的后续

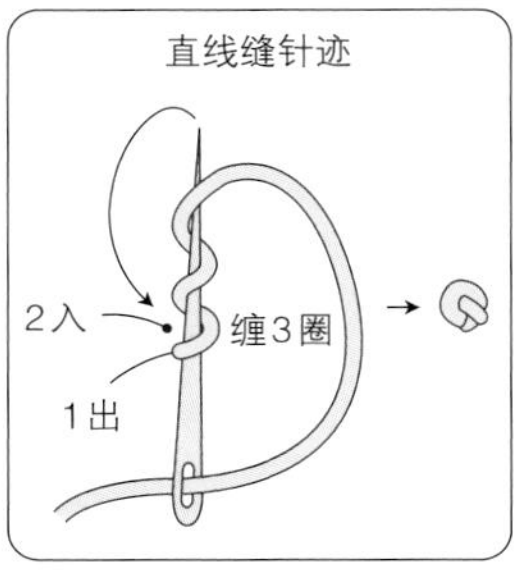

鹦鹉的拼接方法

头部、身体的前侧

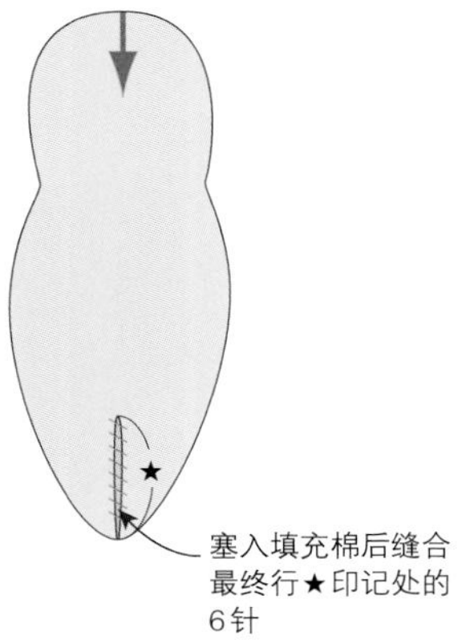

前侧

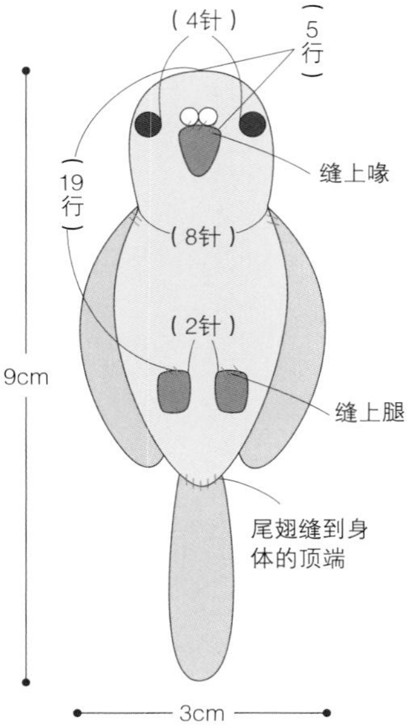

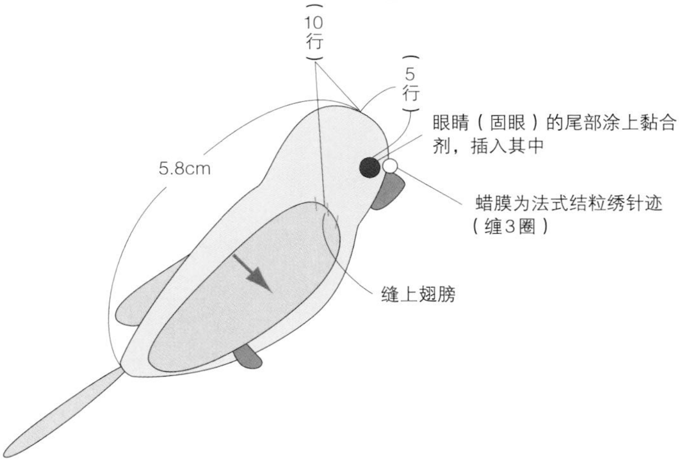

作品59～64企鹅的后续

喙 各1块

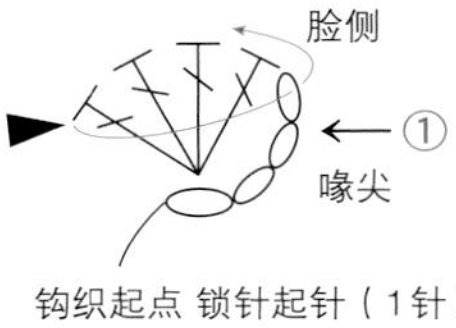

脚 各2块

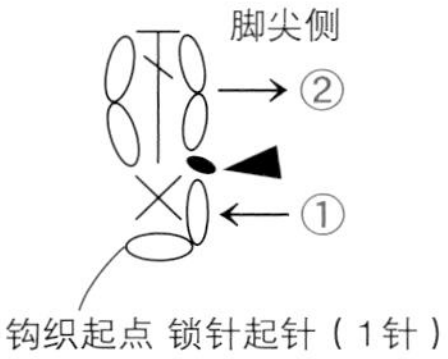

尾翅 各1块

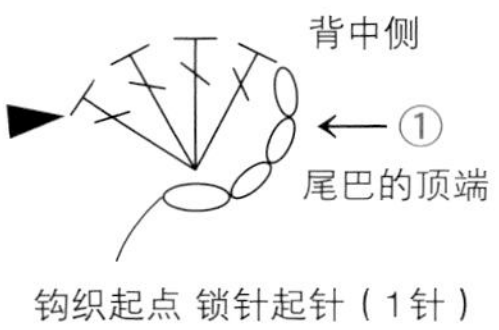

※钩织终点处的线头留长后剪断。线头穿入立起的第3针锁针中，钩织成立体状。

企鹅的拼接方法

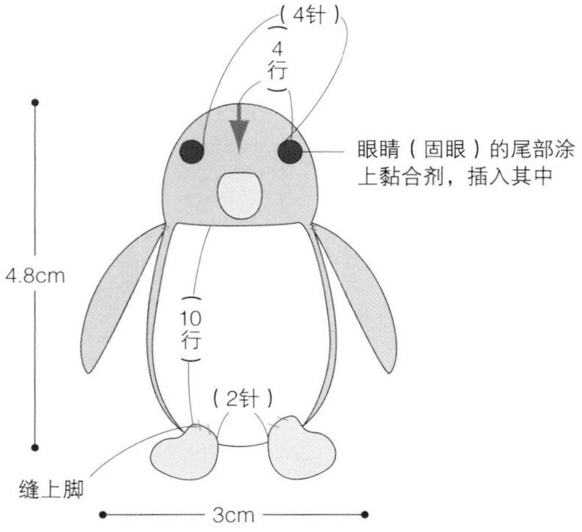

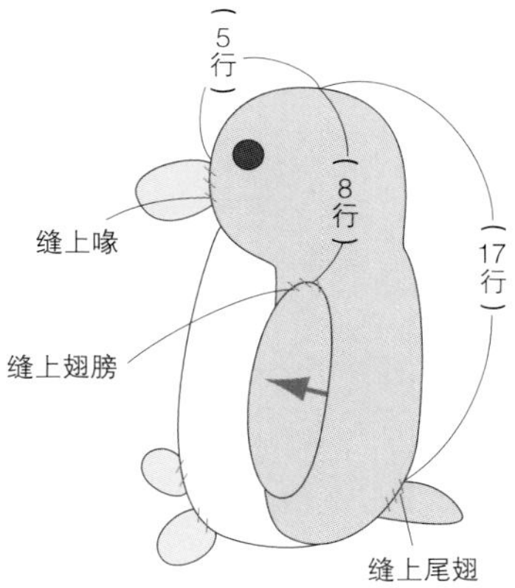

准备材料

{编织线}奥林巴斯25号刺绣线

作品59：蓝色系（391），1.5束；白色系（800）、黄色系（542），各0.5束

作品60：黑色（900），1.5束；白色系（800）、黄色系（542），各0.5束

作品61：灰色系（485），1.5束；白色系（800）、橙色系（534），各0.5束

作品62：橙色系（1053），1.5束；白色系（800）、橙色系（534），各0.5束

作品63：蓝色系（307），1.5束；白色系（800）、橙色系（534），各0.5束

作品64：橙色系（535），1.5束；白色系（800）、黄色系（542），各0.5束

{其他}

作品59～64共通

HAMANAKA固眼：黑色、3.5mm，各1对

填充棉：适量

{针}

钩针2/0号

企鹅的配色表

	59	60	61	62	63	64
头部、背中 翅膀、尾翅	391	900	485	1053	307	535
腹部	800					
喙、脚	542	542	534	534	534	542

头部、背中 各1块

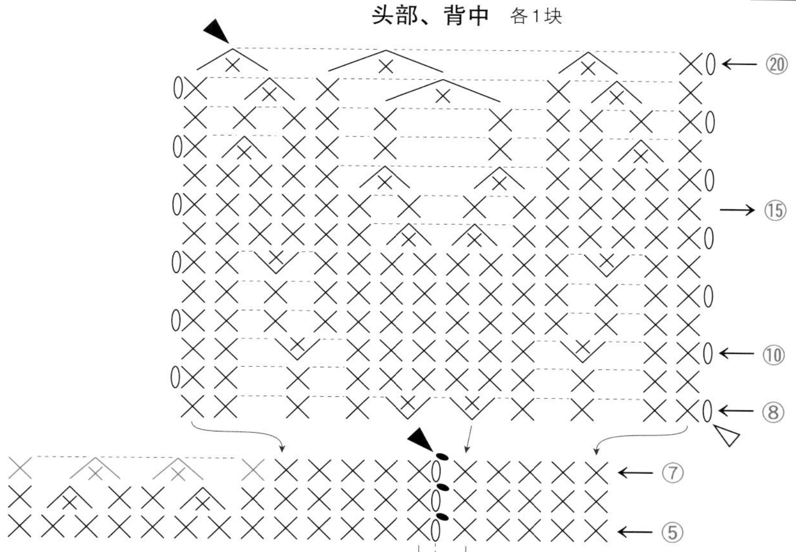

= 从此处将腹部的针脚挑起

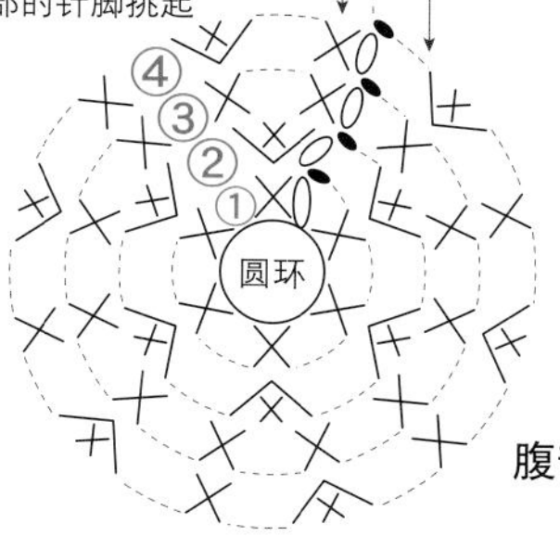

头部、背中的针数表

	行数	针数	加减针数
背中	20	4	−3
	19	7	−3
	18	10	
	17	10	−2
	16	12	−2
	15	14	
	14	14	−2
	13	16	+2
	11、12	14	
	10	14	+2
	9	12	
	8	12	−2
头部	7	14	−2
	6	16	−2
	5	18	
	4	18	+6
	3	12	
	2	12	+6
	1	6	

※ 喙、脚、尾翅的钩织方法、拼接方法参照p68。

腹部 各1块

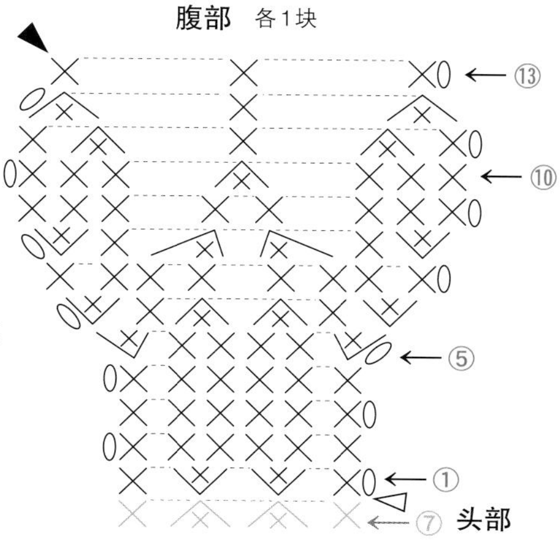

※ 在头部的第7行接线后钩织。

腹部针脚的挑法和拼接方法

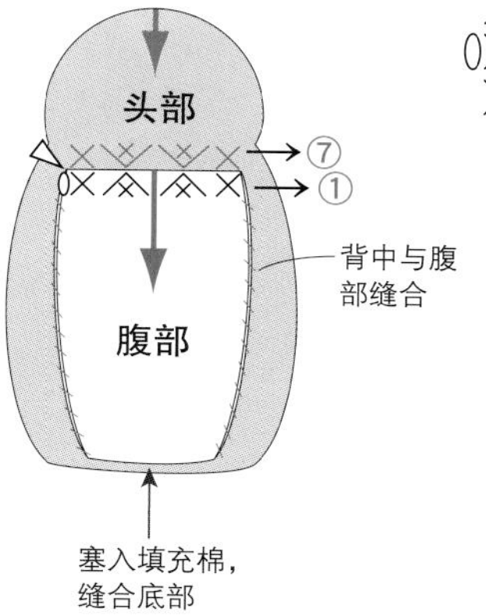

翅膀 各2块

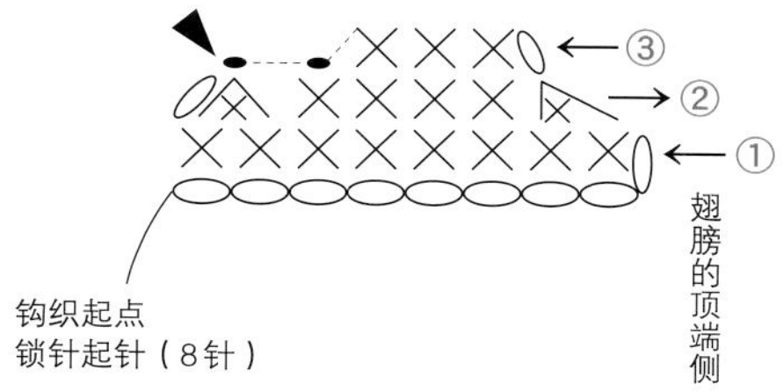

准备材料

{编织线} DMC 25号刺绣线

作品65：粉橙色系（3778），1束

作品66：红色系（814）、绿色系（927），各1束；橙色系（722），0.5束

作品67：蓝色系（322），1束

作品68：绿色系（733）、黄色系（746），各1束；粉红色系（3687），0.5束

作品69：白色系（BLANC），3.5束；黄色系（725），1束

{其他}

作品69

HAMANAKA固眼：黑色、3.5mm，2颗

花朵用铁丝：银色，约16cm×2根

填充棉：少许

{针}

蕾丝针0号

作品65、67 三角头巾

作品65=3778
作品67=322

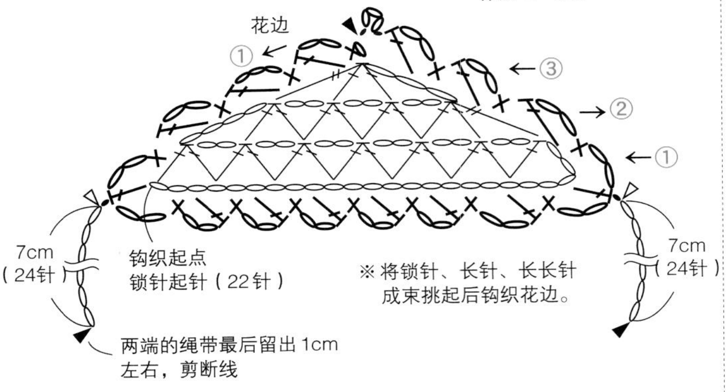

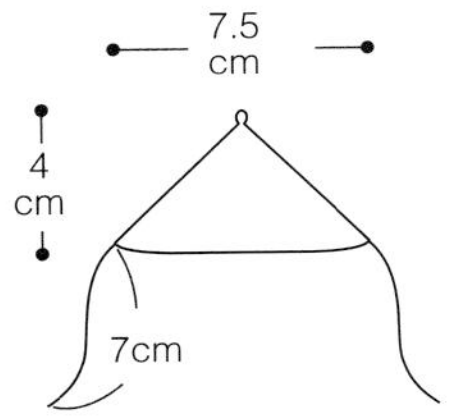

作品66、68 披肩

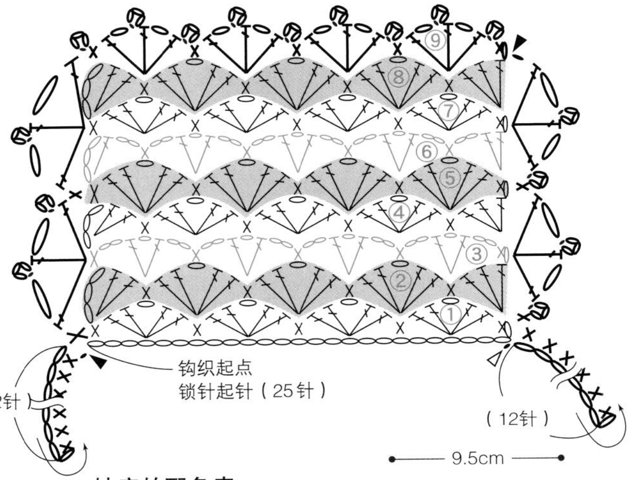

披肩的配色表

	66	68
	814	733
	927	746
	722	3687

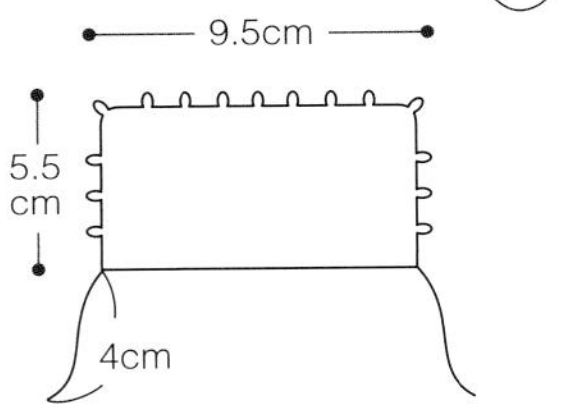

作品69 鸭子的喙

725

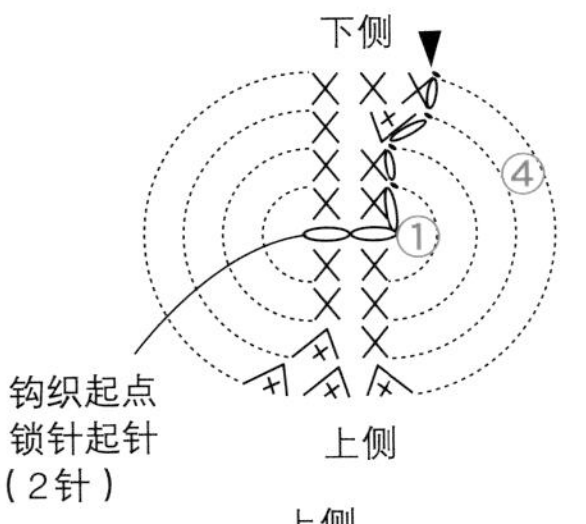

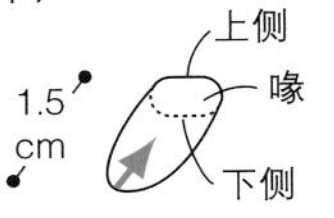

作品69 鸭子的脚

2根 725

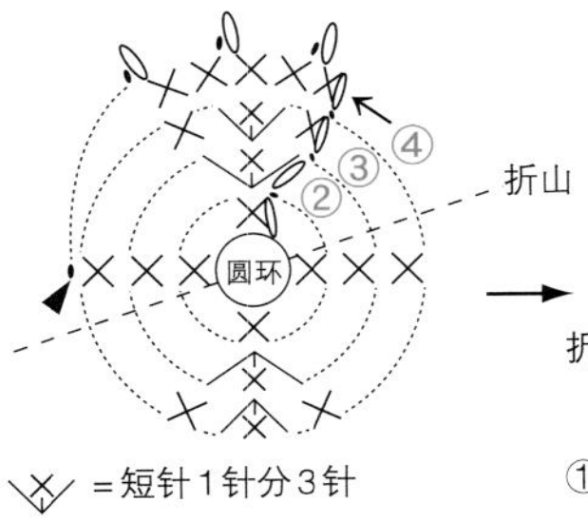

= 短针1针分3针

= 锁针1针的引拔小链针

脚的拼接方法

※参照p48。

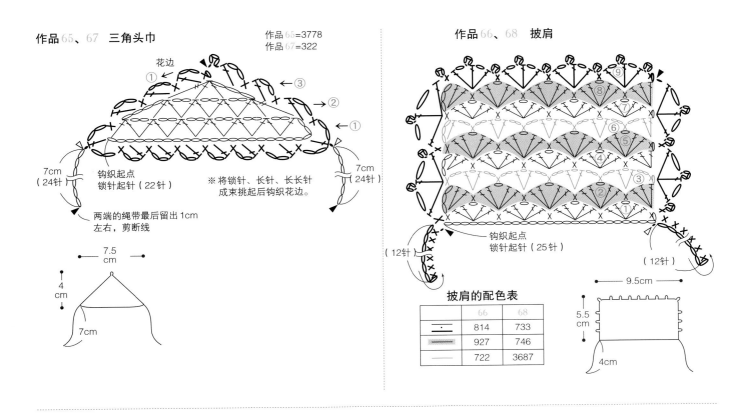

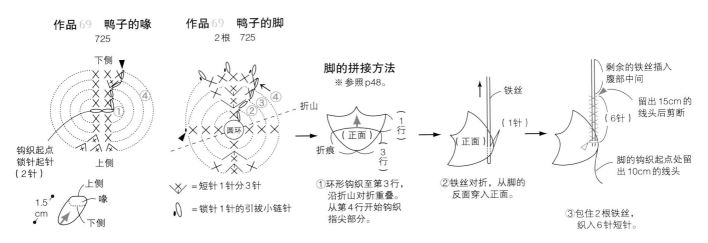

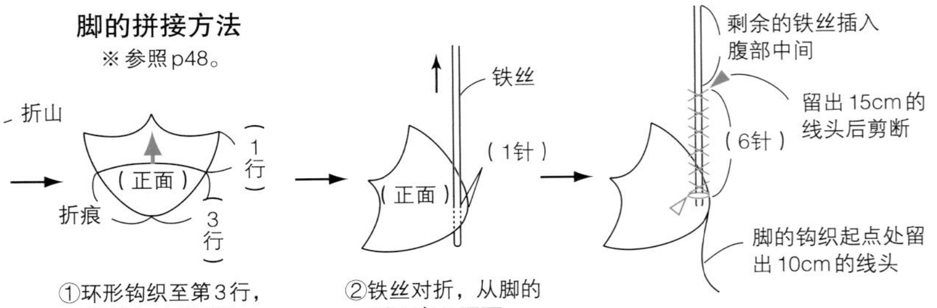

①环形钩织至第3行，沿折山对折重叠。从第4行开始钩织指尖部分。

②铁丝对折，从脚的反面穿入正面。

③包住2根铁丝，织入6针短针。

作品69 鸭子主体

※参照p48。

背中、颈部、头部 BLANC

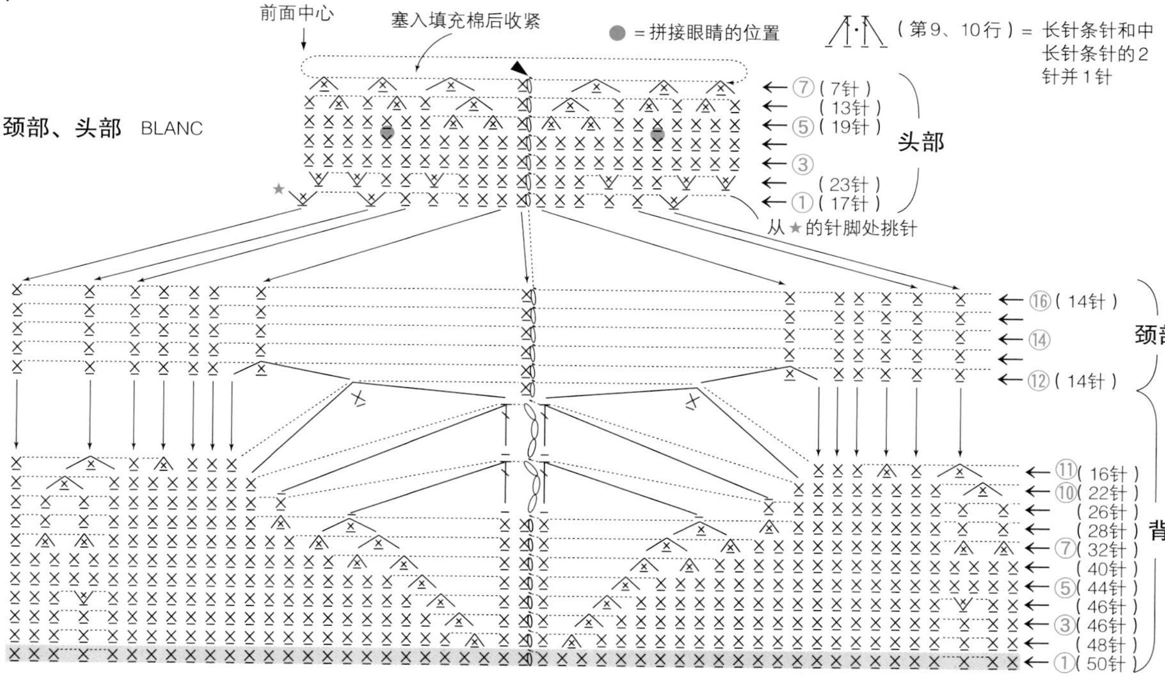

腹部、尾巴 BLANC

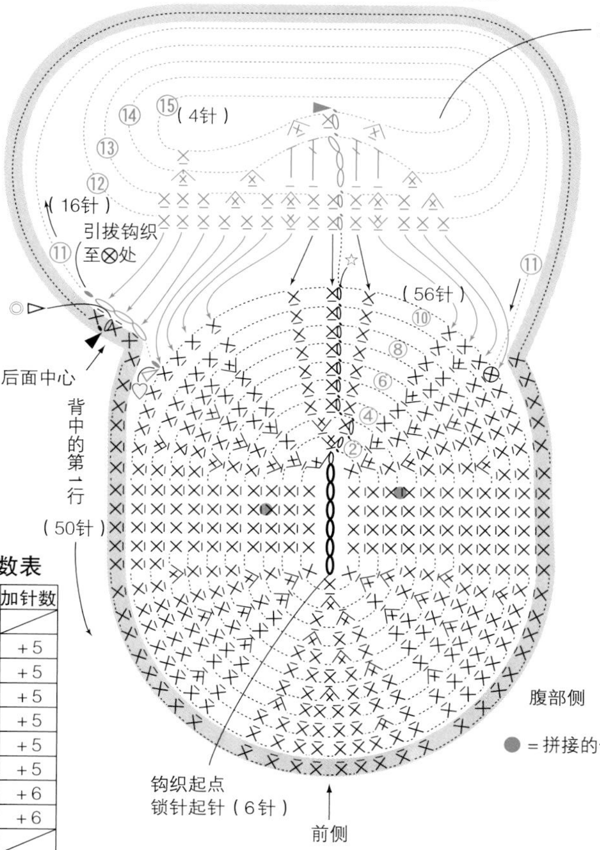

腹部的针数表

行数	针数	加针数
10	56	
9	56	+5
8	51	+5
7	46	+5
6	41	+5
5	36	+5
4	31	+5
3	26	+6
2	20	+6
1	14	
起针	钩织锁针（6针）	

腹部、尾巴的钩织方法

※第2～15行均按照指定的记号用条针钩织（将上一行针脚的外侧半针挑起后钩织）。

※钩织至第10行后暂时停下编织线（☆），第11行在♡处接线，织入3针锁针，然后在另一侧的⊗处引拔钩织，再剪断线。然后在☆处用之前暂时停下的编织线钩织尾巴（第12～15行）。尾巴钩织完成后，在◎处接线，继续钩织背中、颈部、头部。

鸭子主体钩织方法的顺序

按照腹部→尾巴→背中→颈部→头部的顺序钩织（参照p48）。

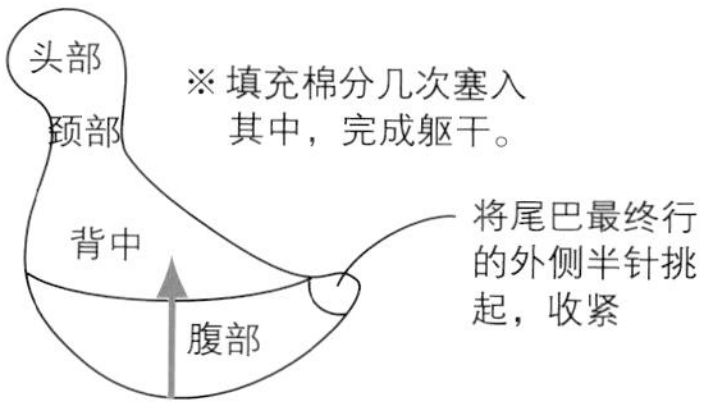

鸭子的拼接方法

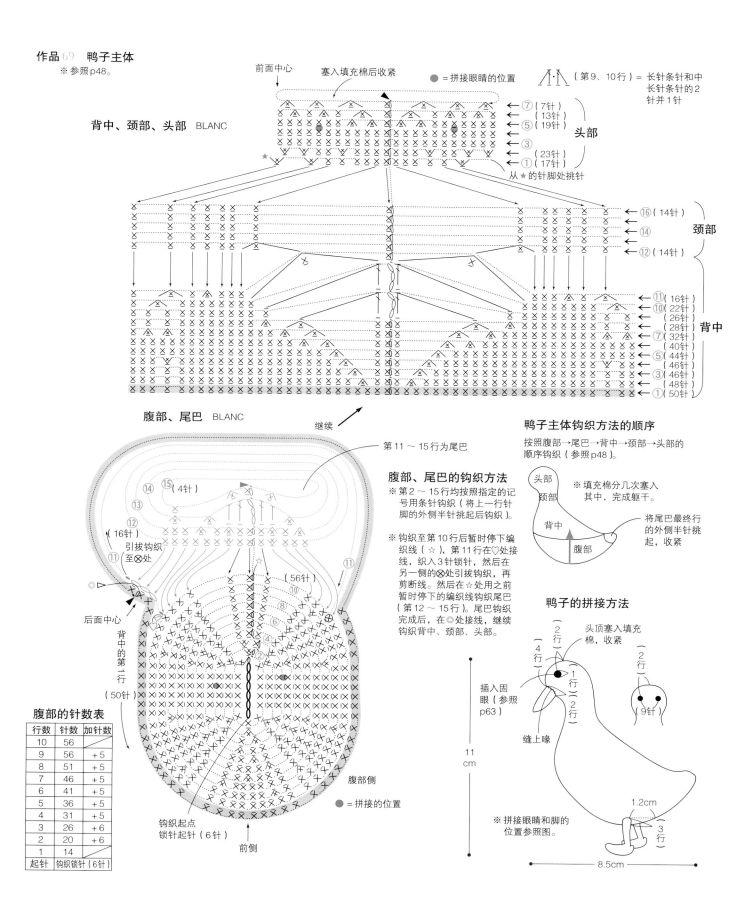

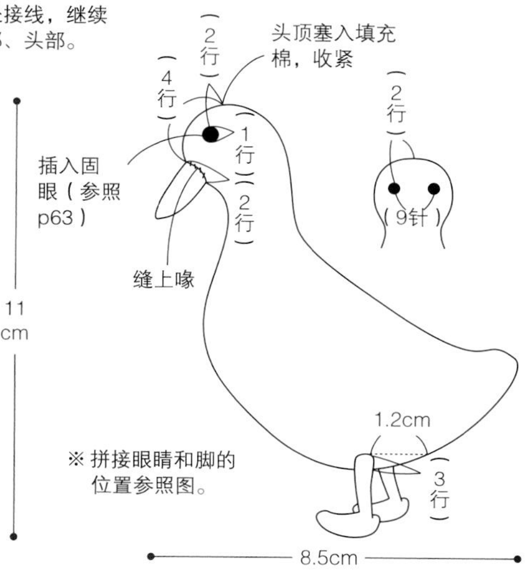

准备材料

{编织线} DMC 25号刺绣线
作品70：蓝色系（939），1束
作品71：红色系（817），0.5束
作品72：蓝色系（794），2束；蓝色系（3838）、黄色系（3821），各0.5束
作品73：蓝色系（747），2束；黄色系（445），1束；粉色系（963）、黄色系（3821），各0.5束
作品74：绿色系（964），2束；绿色系（502）、粉色系（819）、黄色系（3821），各0.5束
作品75：白色系（3865），1束
作品76：粉红色系（819），1.5束
作品77：黄色系（3823），1束

{其他}
作品72～74共通
HAMANAKA固眼：黑色、4mm、各2颗
填充棉：适量
{针}
蕾丝针0号

鹦鹉的配色

	72	73	74
头部	794	445	964
身体		747	
翅膀 尾翅	3838	747	502
脚	3821		
喙	3821	963	819

作品72～74 鹦鹉的头部、身体

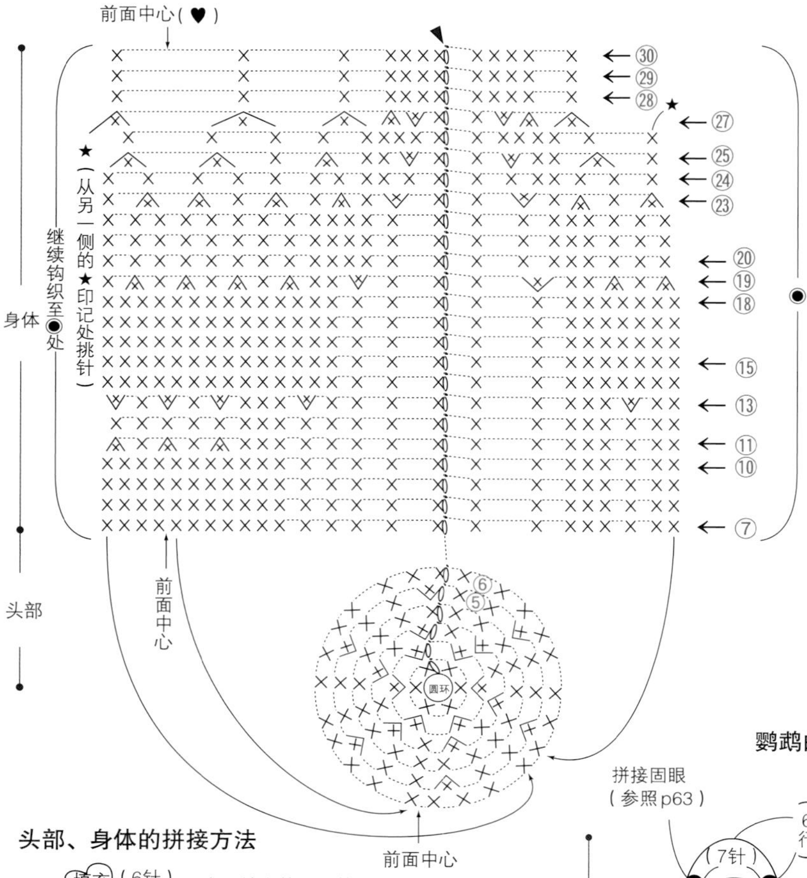

头部、身体的针数表

行数	针数	加减针数
28～30	12	
27	12	−4
26	16	
25	16	−2
24	18	
23	18	−4
20～22	22	
19	22	−4
14～18	26	
13	26	+5
12	21	
11	21	−3
6～10	24	
5	24	+6
4	18	
3	18	+6
2	12	+6
1	6	

作品72～74 鹦鹉的翅膀

2块

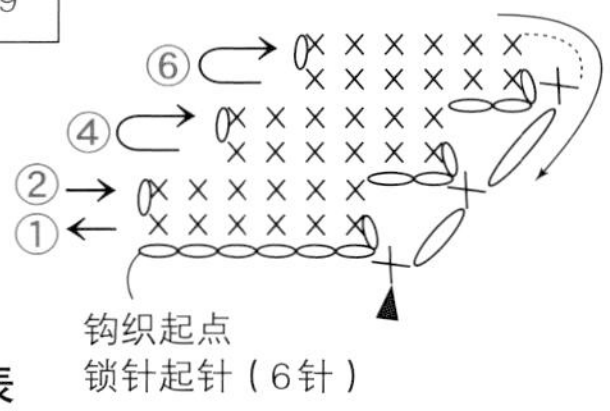

作品72～74 鹦鹉的尾翅

1块

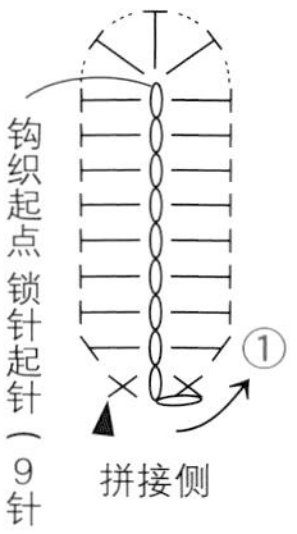

作品72～74 鹦鹉的脚

各2块

头部、身体的拼接方法

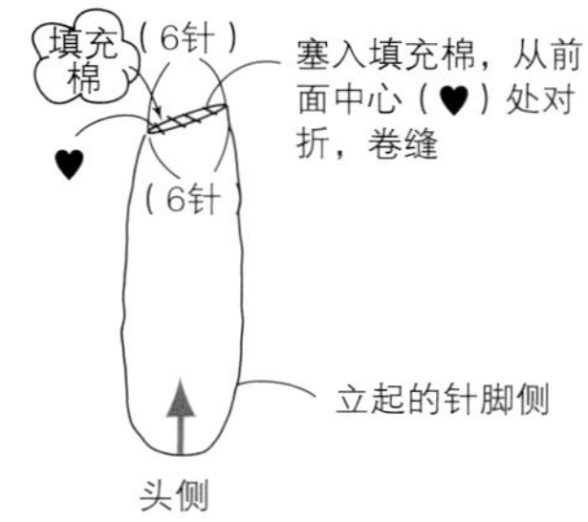

鹦鹉的拼接方法

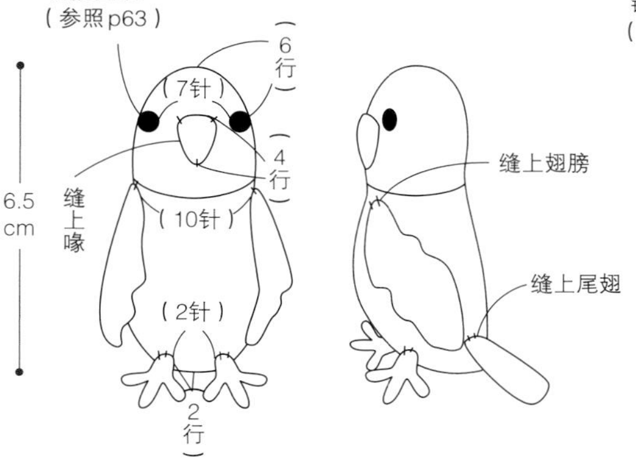

作品72～74 鹦鹉的喙

各1块

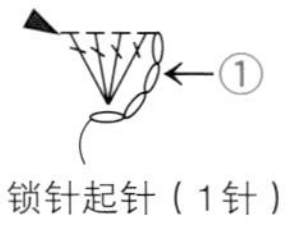

作品70　高礼帽

939

X（第9行）=将上一行针脚的内侧半针挑起后钩织
X（第5行）=短针的条针

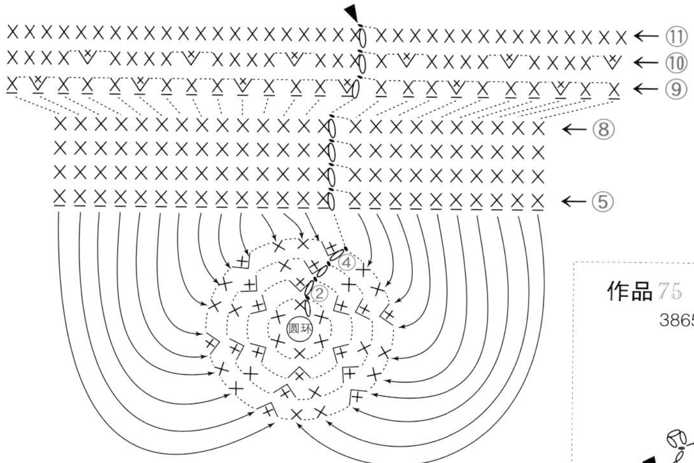

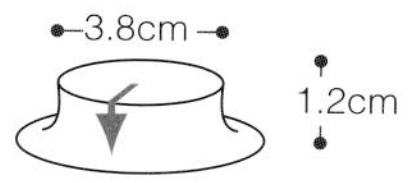

高礼帽的针数表

行数	针数	加针数
11	36	
10	36	+6
9	30	+6
5~8	24	
4	24	+6
3	18	+6
2	12	+6
1	6	

作品75　披肩

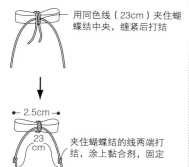

3865

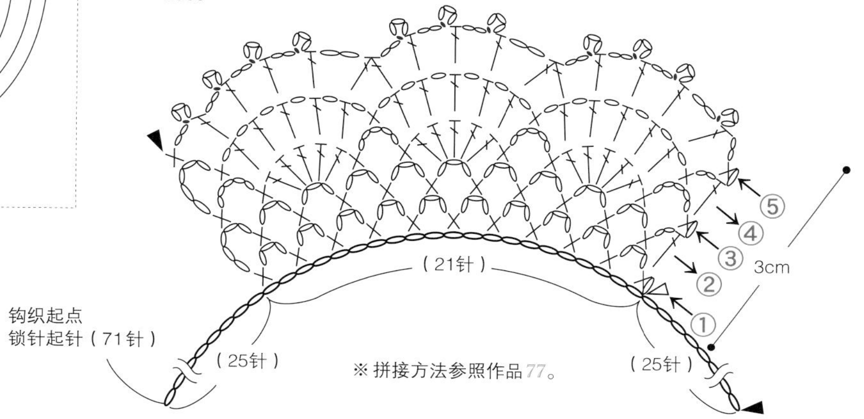

※ 拼接方法参照作品77。

作品70　蝴蝶结领带

817

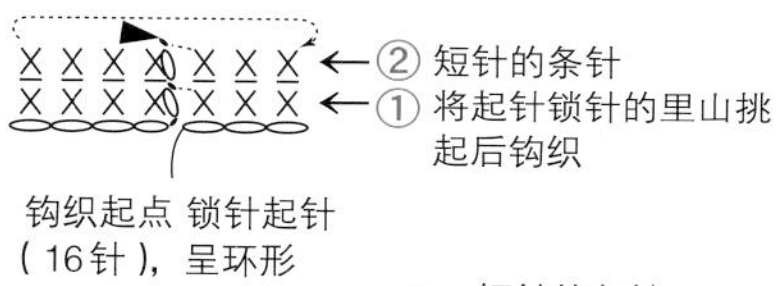

X =短针的条针

蝴蝶结领带的拼接方法

用同色线（23cm）夹住蝴蝶结中央，缠紧后打结

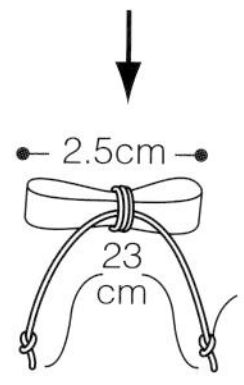

夹住蝴蝶结的线两端打结，涂上黏合剂，固定

作品76　披肩

819

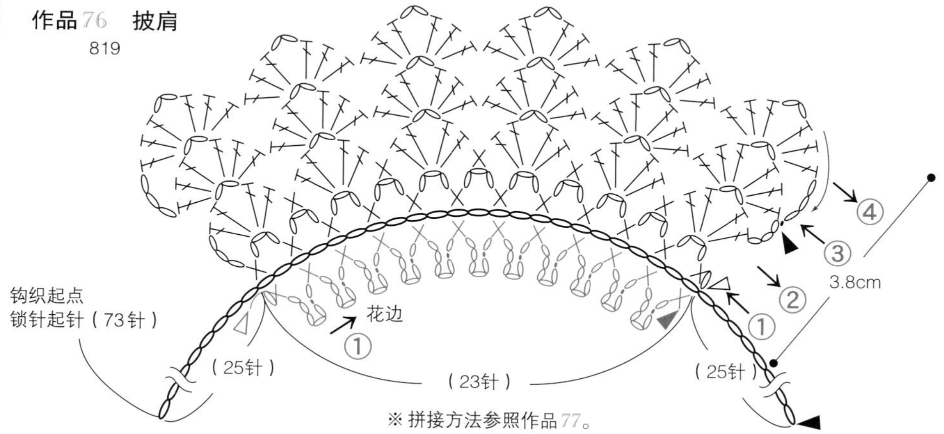

※ 拼接方法参照作品77。

作品77　披肩

3823

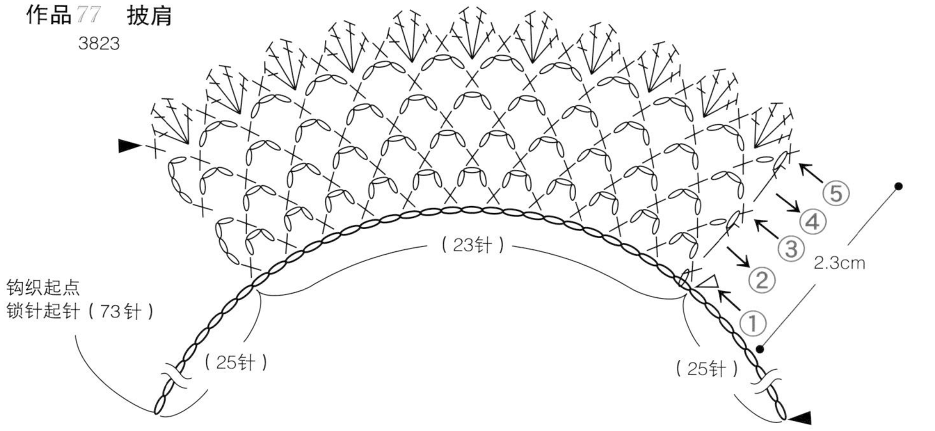

作品77　披肩的拼接方法

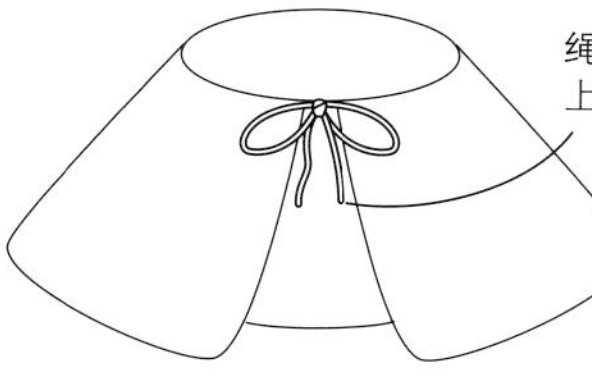

绳带的两端涂上黏合剂

准备材料

{编织线} DMC 25号刺绣线
作品78：小猫 黄色系（676），5束；茶色系（437），1束；茶色系（839），少许
作品79：小熊 绿色系（613），6束；茶色系（839），少许
作品80：小兔子 粉色系（818），6束；茶色系（839），少许
作品81：小狗 本白色系（712），5束；茶色系（839），1束
作品82：小猪 绿色系（3047），5束；绿色系（613），1束

{其他}
作品78～81共通
HAMANAKA固眼：黑色、4mm，各3颗
直径0.8cm的纽扣：透明、2个孔，各4颗
填充棉：适量
作品82
HAMANAKA固眼：黑色、4mm，各2颗
固眼：黑色、3mm，2颗
直径0.8cm的纽扣：透明、2个孔，4颗
填充棉：适量
{针}
钩针2/0号针

头部、身体的配色表

	颜色
78 小猫	676
79 小熊	613
80 小兔子	818
81 小狗	712
82 小猪	3047

作品78～82 头部、身体

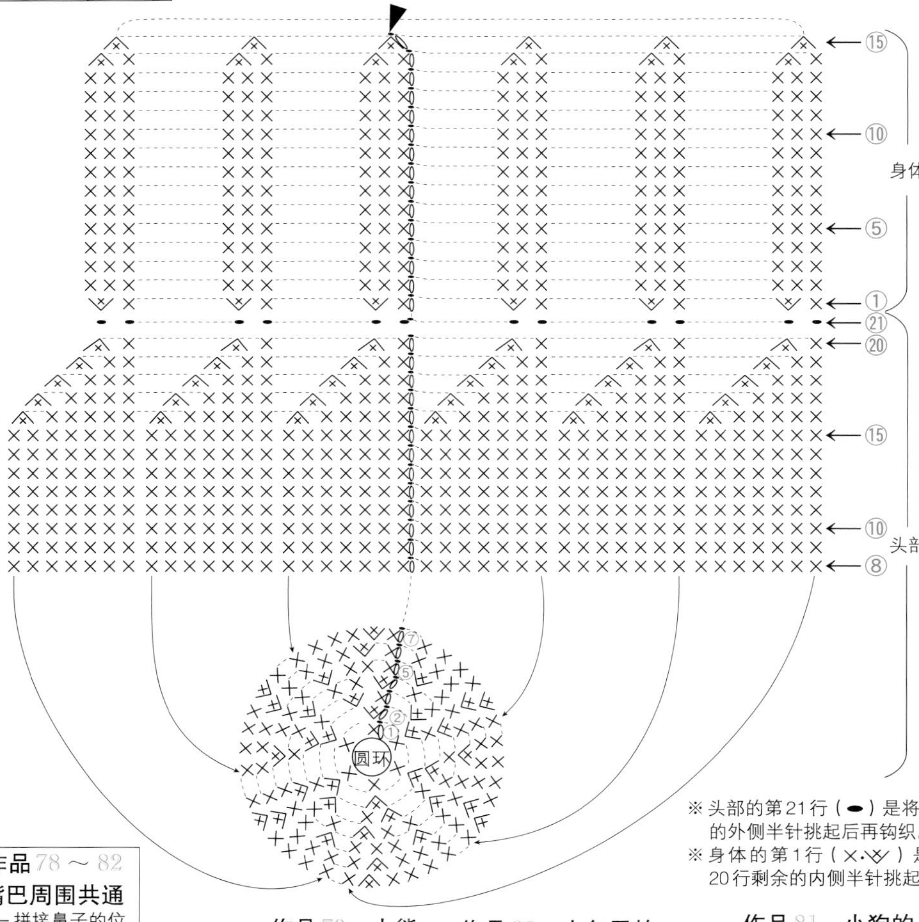

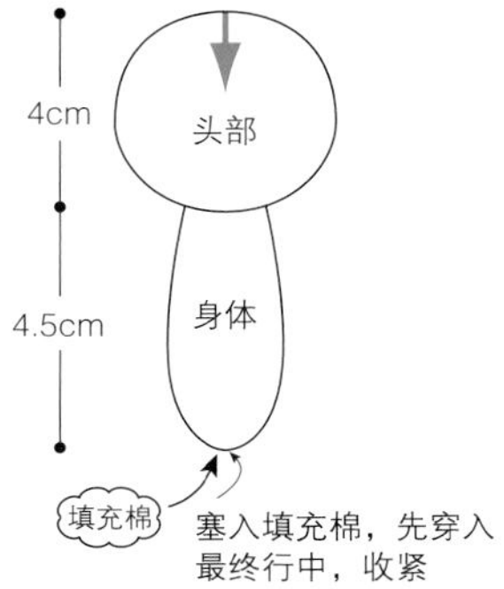

※ 头部的第21行（⬬）是将上一行针脚的外侧半针挑起后再钩织。
※ 身体的第1行（╳·╳）是将头部第20行剩余的内侧半针挑起后再钩织。

头部、身体的针数表

	行数	针数	加减针数
身体	15	6	－6
	14	12	－6
	2～13	18	
	1	18	＋6
头部	21	12	
	20	12	－6
	19	18	－6
	18	24	－6
	17	30	－6
	16	36	－6
	8～15	42	
	7	42	＋6
	6	36	＋6
	5	30	＋6
	4	24	＋6
	3	18	＋6
	2	12	＋6
	1	6	

作品78～82 嘴巴周围共通
● ＝拼接鼻子的位置（固眼）

作品78 小猫的嘴巴周围

676

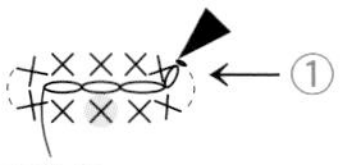

钩织起点
锁针起针（3针）
※ 反面用作正面。

作品79 小熊的嘴巴周围

613

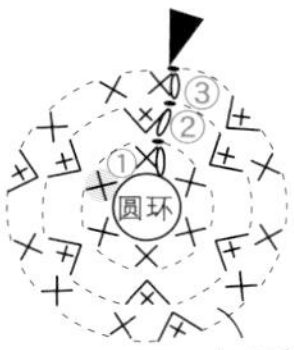

（15针）

作品80 小兔子的嘴巴周围

818

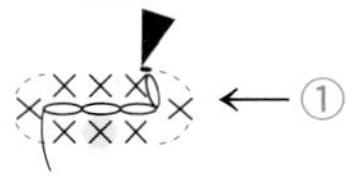

钩织起点
锁针起针（3针）
※ 反面用作正面。

作品81 小狗的嘴巴周围

712

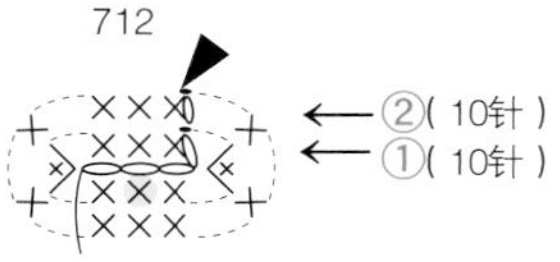

钩织起点
锁针起针（3针）
※ 反面用作正面。

作品82 小猪的嘴巴周围

3047

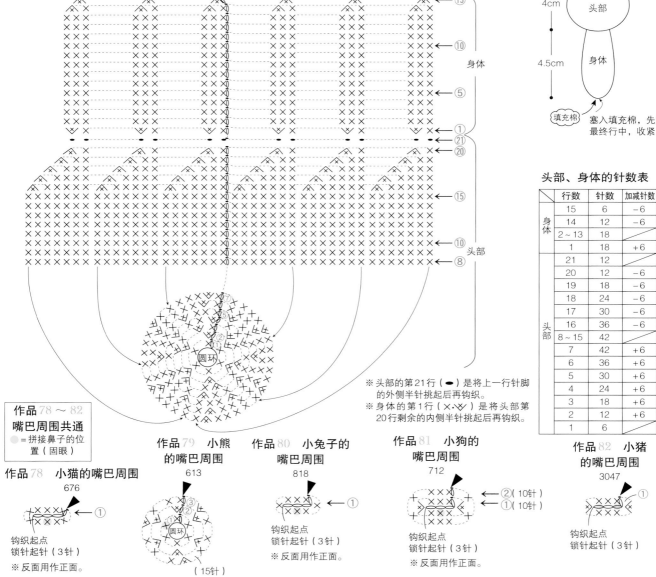

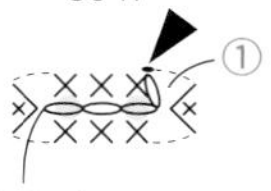

钩织起点
锁针起针（3针）

作品78～82 手、脚

各2块

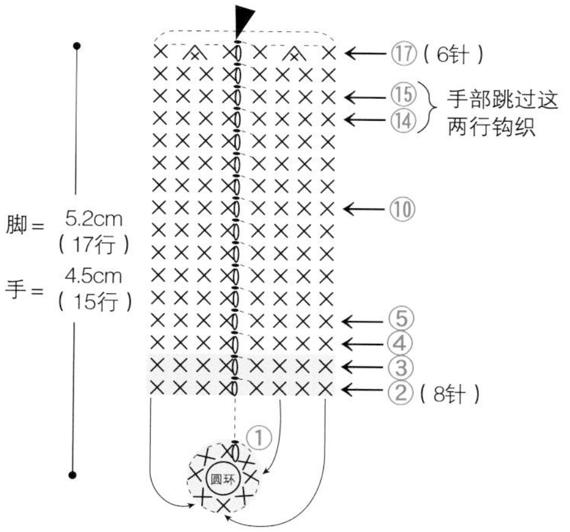

手、脚的配色表

	——	——
78 小猫	437	676
79 小熊	613	613
80 小兔子	818	818
81 小狗	839	712
82 小猪	613	3047

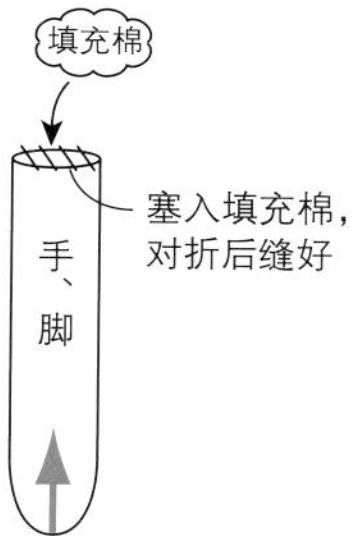

拼接手、脚的位置

侧面图

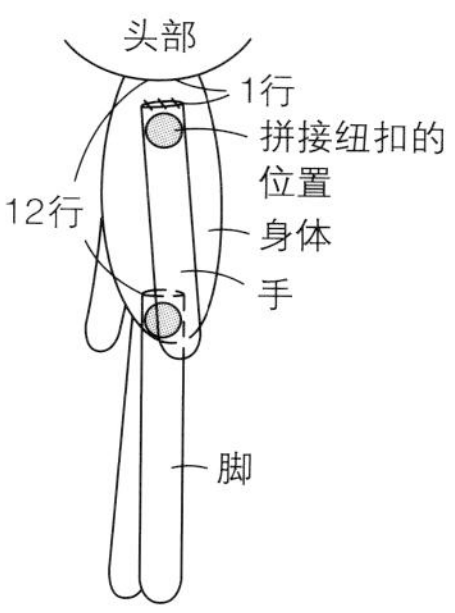

作品80 小兔子的耳朵

2块 818

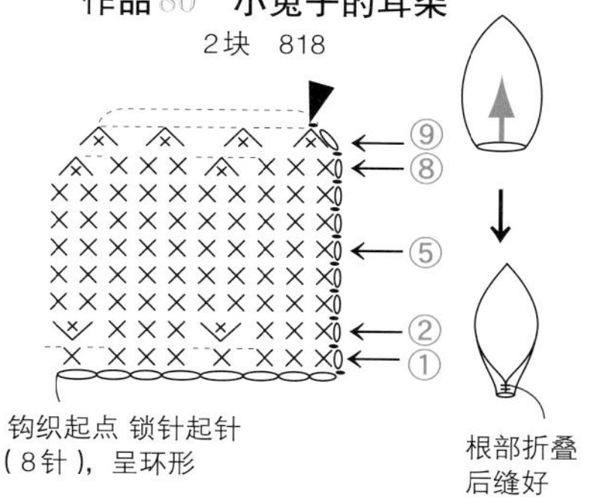

作品78 小猫的耳朵

2块 437

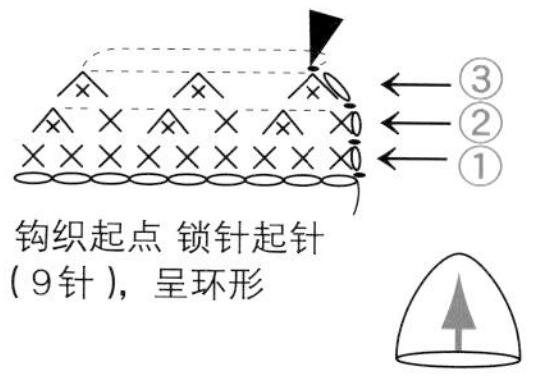

作品79 小熊的耳朵

2块 613

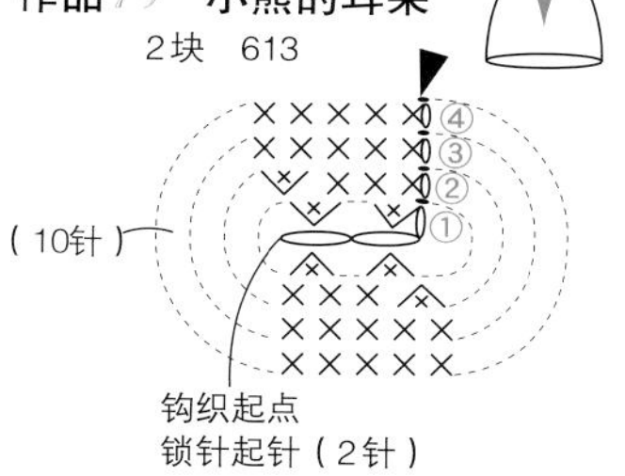

作品81 小狗的耳朵

2块 839

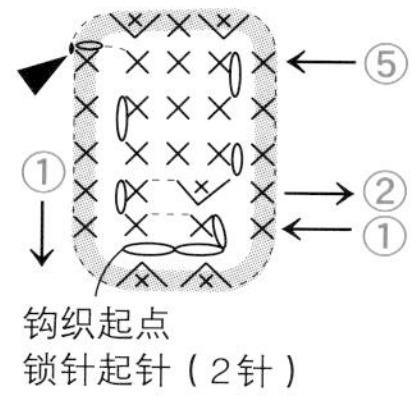

作品82 小猪的耳朵

2块 3047

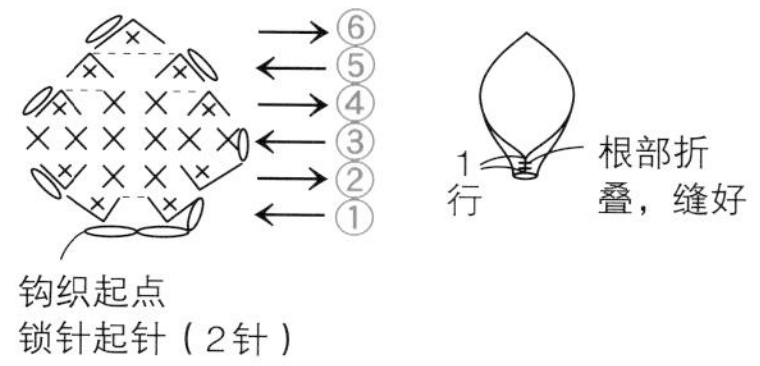

作品78～82 脸部的拼接方法

※ 身体的拼接方法参照p76。

作品78 小猫

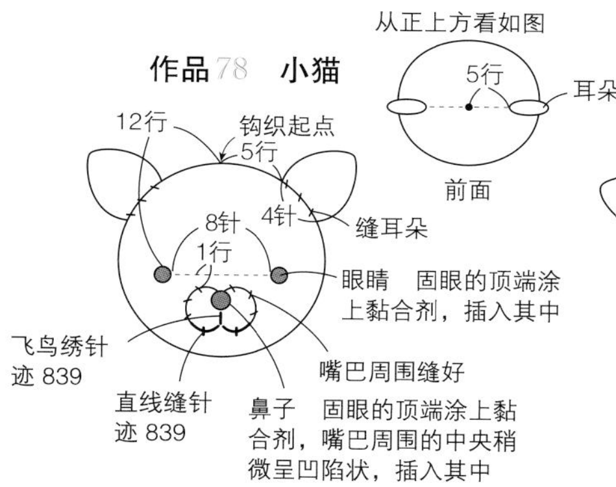

※ 固眼的拼接方法参照p63。

作品79 小熊

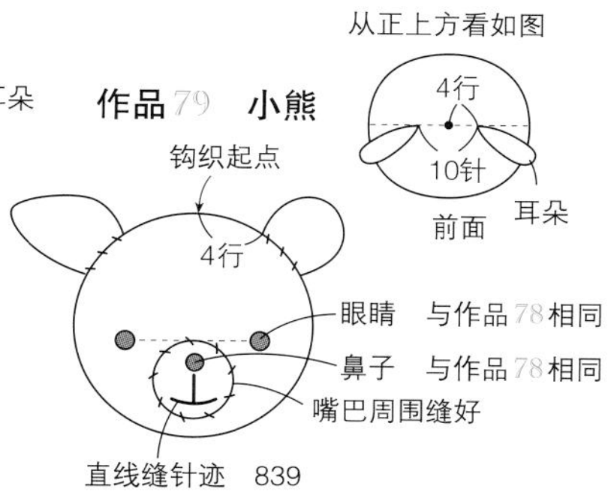

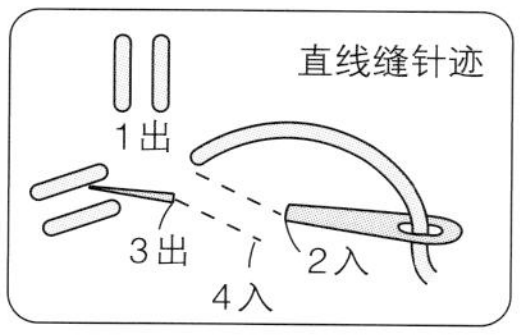

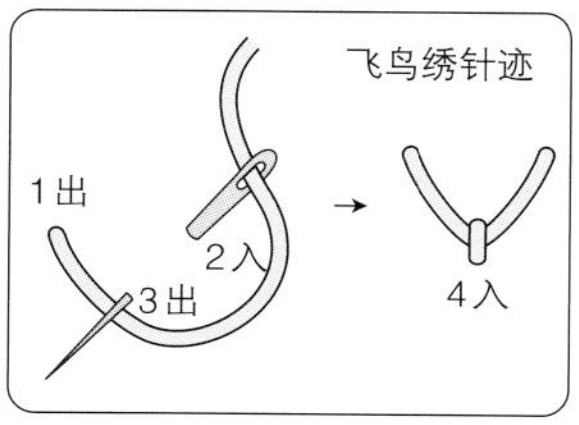

作品80 小兔子

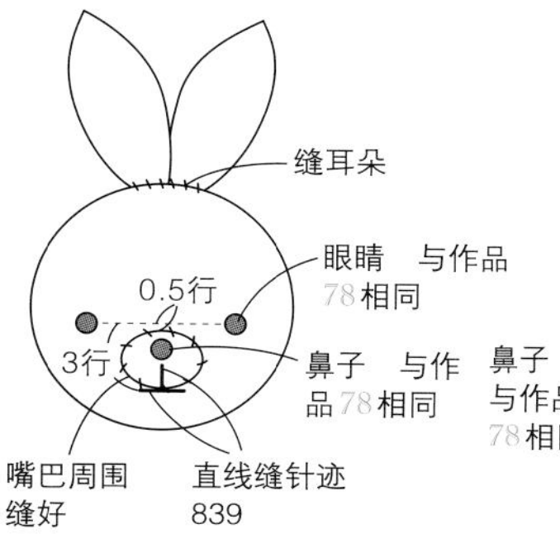

作品81 小狗

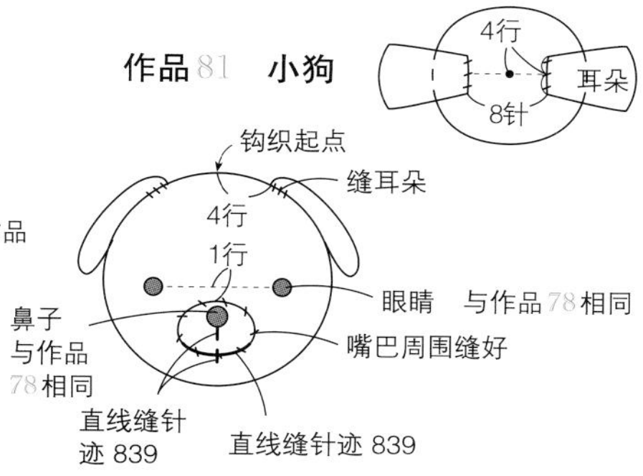

作品82 小猪

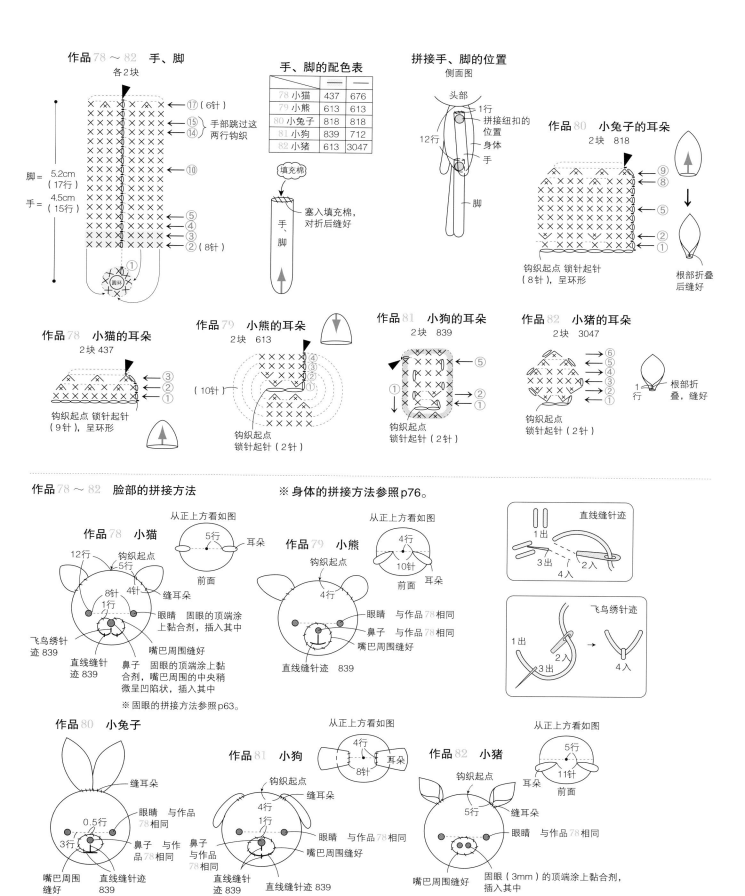

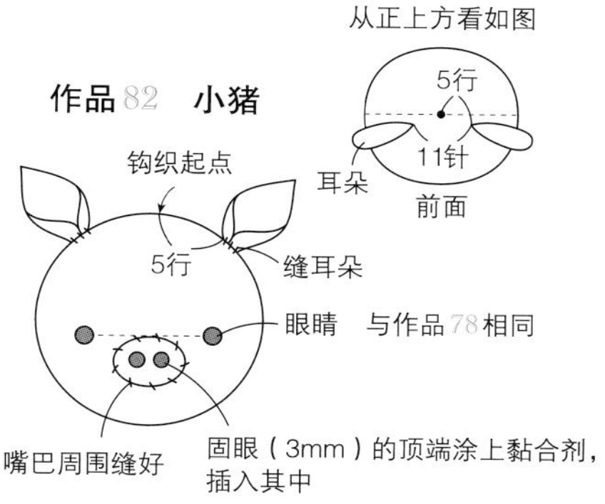

作品86 裤子 3364

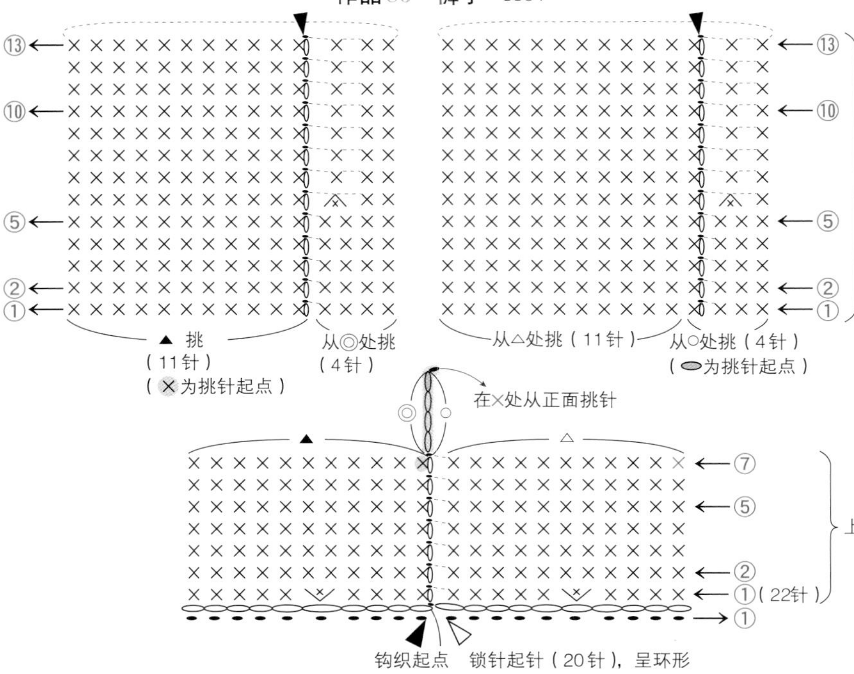

裤子的拼接方法

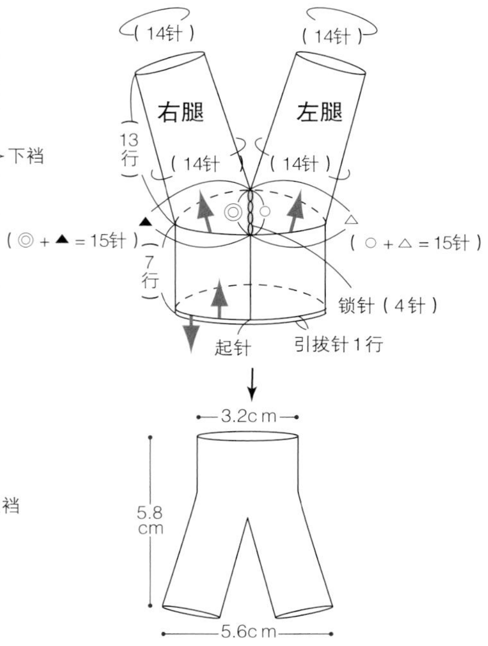

作品78～82的后续　作品78～82 身体的拼接方法

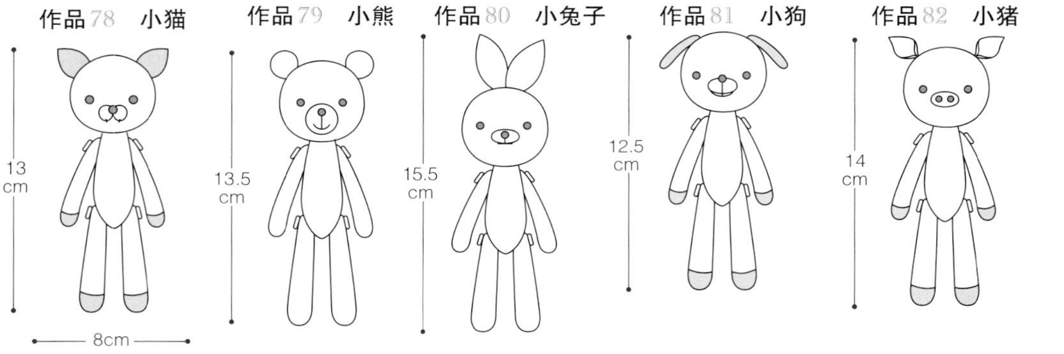

重点课程

93、94 图片 p34、35 ✿ 连衣裙的钩织方法

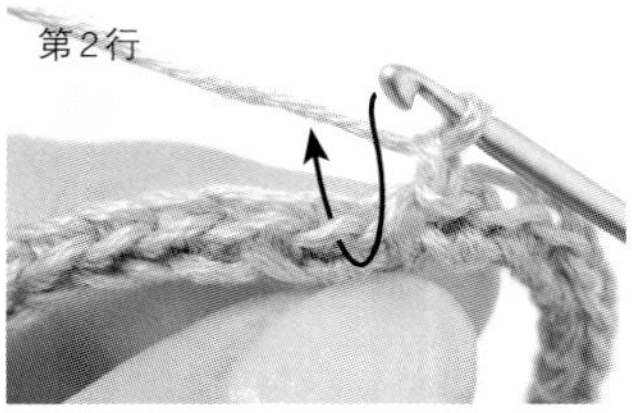

1 钩织第2行时先织入1针立起的锁针，将第1行短针的内侧半针挑起后织入短针。

2 第2行钩织完4针后如图（a）。反面剩下半针（b）。

3 参照图，钩织第3行。

4 钩织第4行时，将第3行的织片倒向内侧，在第1行剩下的外侧半针（参照作品2的b）中钩织长针（a）。第4行钩织完成后如图（b）。继续钩织第5～11行。

准备材料

{编织线} DMC 25号刺绣线

作品83：嵌入花样毛衣 茶色系（919）、蓝色系（3842）、黄色系（746），各1束

作品84：短裙 绿色系（372），1束

作品85：背心 紫色系（3834），2束

作品86：裤子 绿色系（3364），2束

{其他}

作品83 直径0.8cm的纽扣：红茶色、2个孔，1颗

作品85 直径0.8cm的纽扣：酒红色、2个孔，2颗

{针}

钩针2/0号针

※作品86裤子的钩织方法参照p76。

作品83 嵌入花样的毛衣

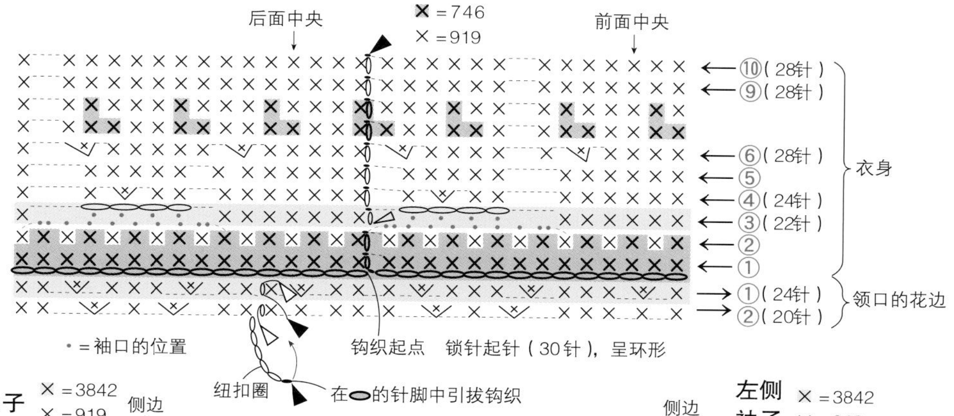

毛衣的拼接方法

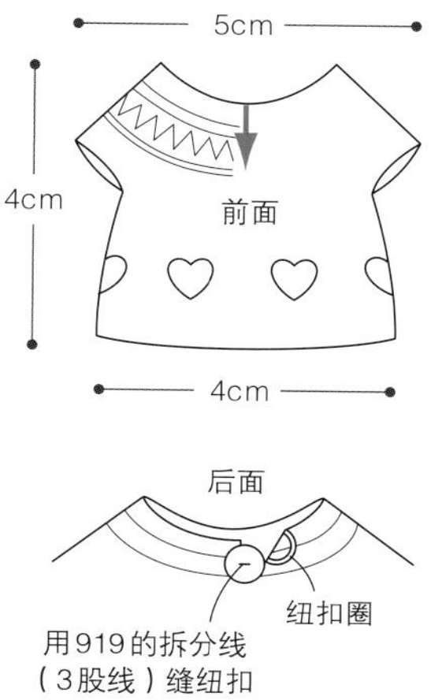

右侧袖子

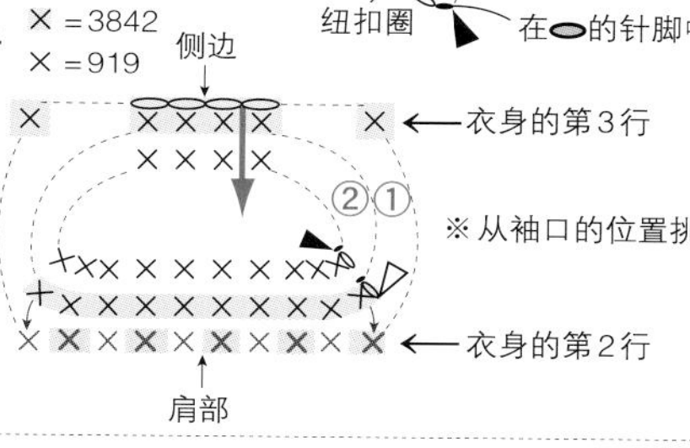

左侧袖子

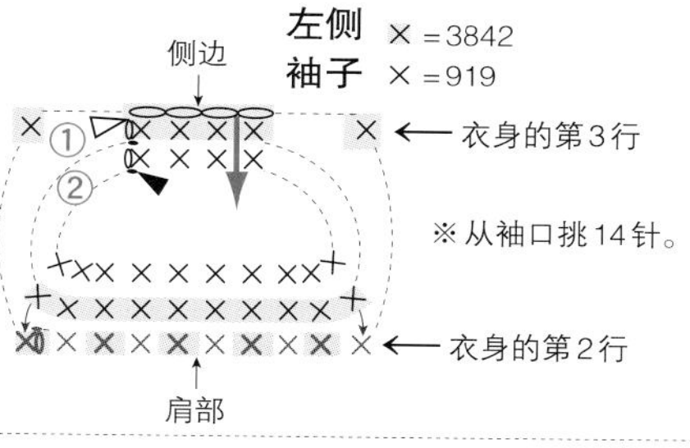

作品84 短裙 372

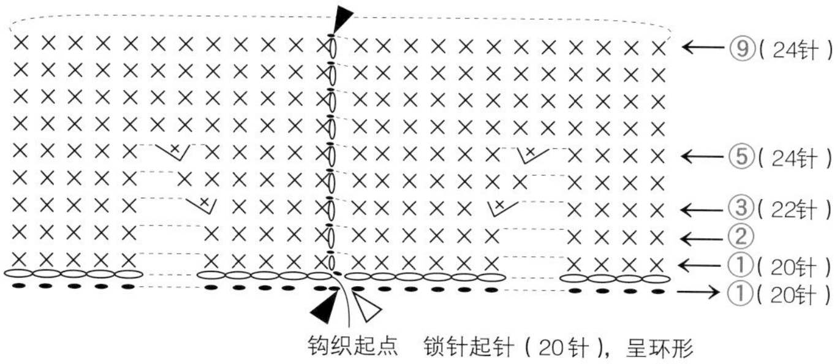

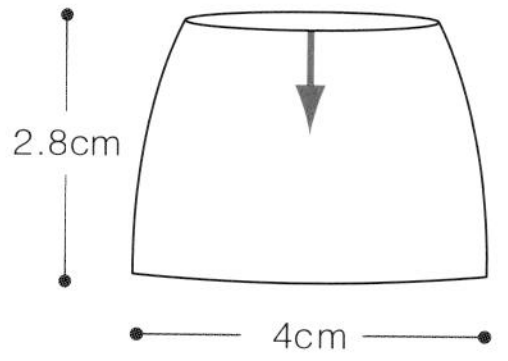

背心的拼接方法

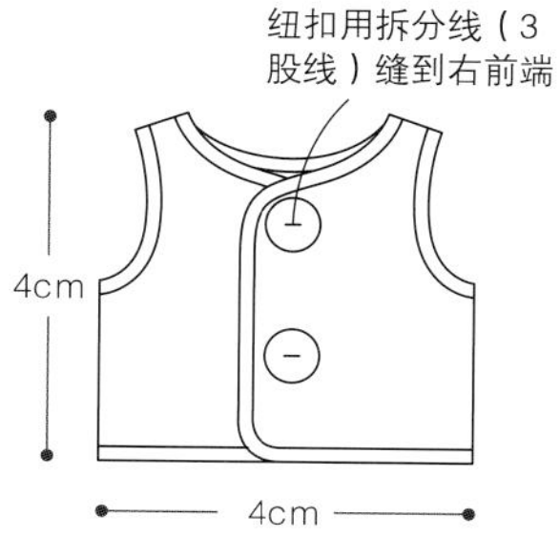

作品85 背心 3834

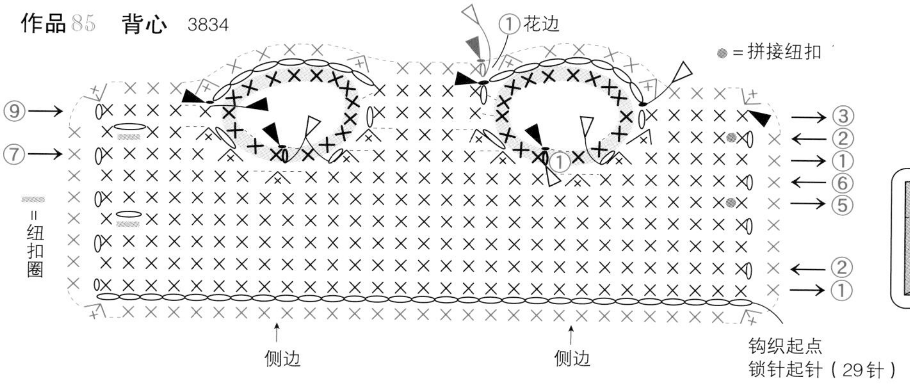

背心的钩织方法顺序

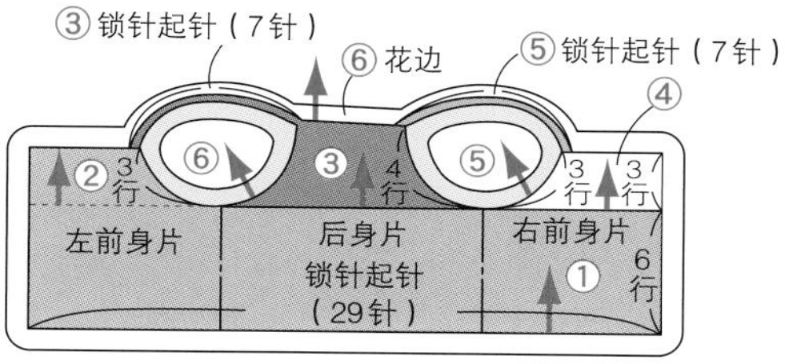

准备材料

{编织线} DMC 25号刺绣线

作品87：连衣裙 本白色系（ECRU），2束；白色系（BLANC），1束

作品88：小挎包 粉红色系（3722），0.5束

作品89：毛衣 黄色系（746）、灰色系（3024），各1束

作品90：背带裤 蓝色系（930），2束

作品91：披肩 本白色系（ECRU），1束；紫色系（3685），0.5束

作品92：裙子 紫色系（3685），2.5束

{其他}

作品88：直径0.5cm的珍珠串珠，1颗

作品89：直径0.8cm的纽扣：白色、2个孔，1颗

作品90：直径0.8cm的纽扣：紫红色、2个孔，2颗

作品87 连衣裙

——=BLANC
——=ECRU

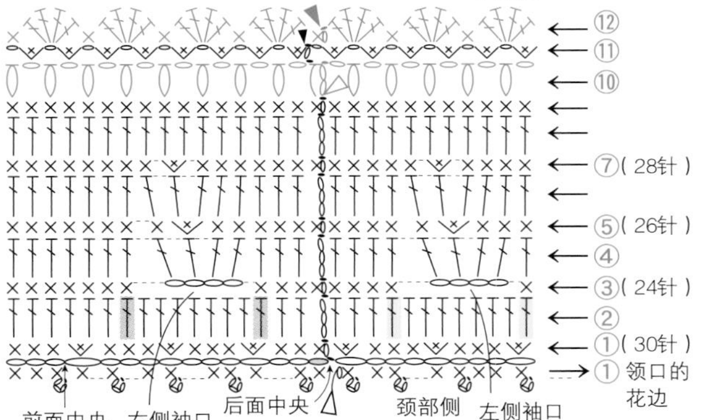

⬭=钩织起点
锁针起针(24针)，呈环形

(第10行)= 中长针2针的枣形针　　(第11行)= 将上一行的锁针成束挑起，织入短针1针分2针

左、右侧袖口的处理

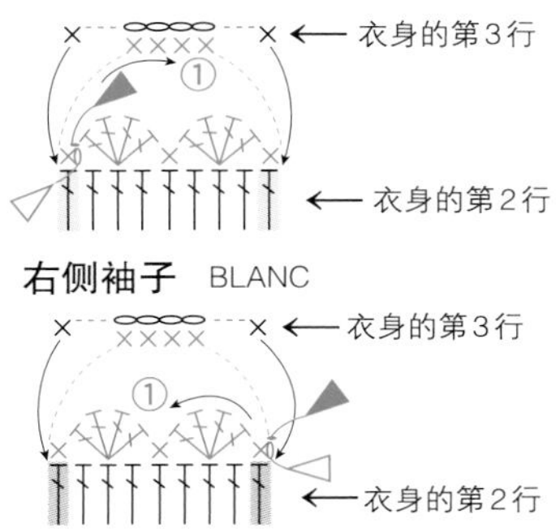

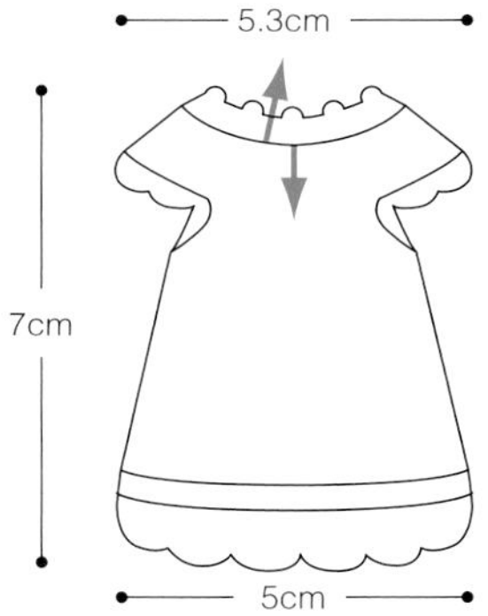

作品88 小挎包主体

3722

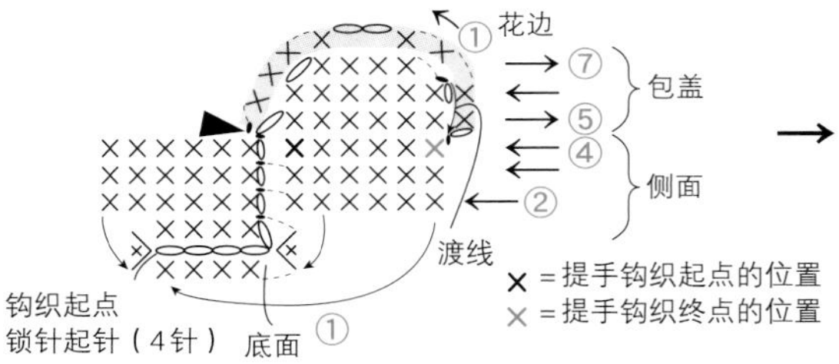

✕=提手钩织起点的位置
✕=提手钩织终点的位置

作品88 小挎包提手

3722

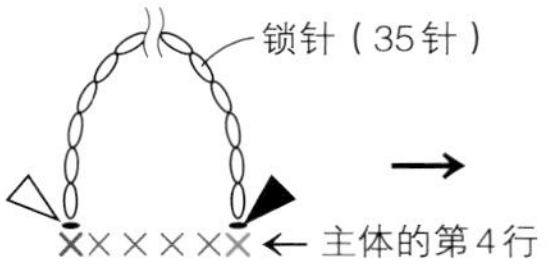

钩织完花边后，继续在第4行的指定位置引拔钩织，接线后钩织提手

小挎包的拼接方法

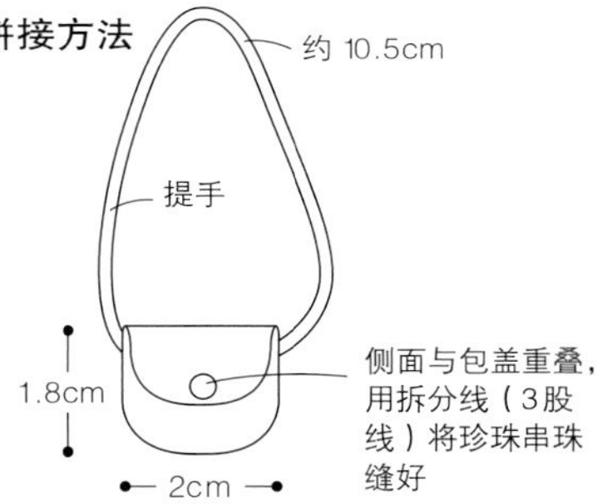

作品89 毛衣

——=3024
——=746

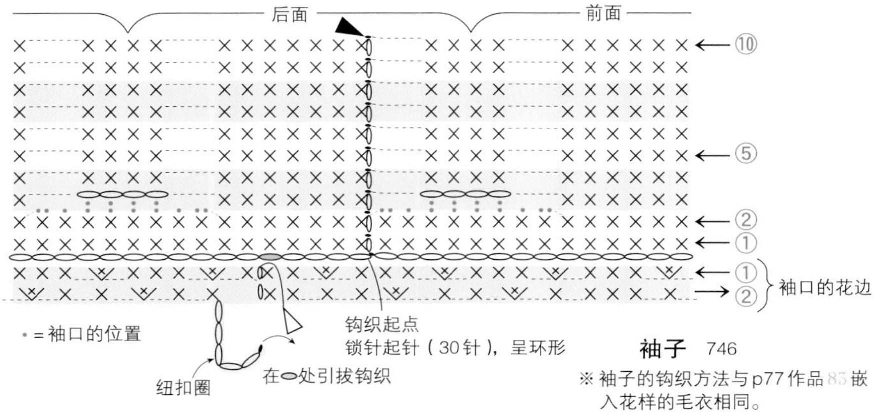

•=袖口的位置

钩织起点
锁针起针(30针)，呈环形

袖子 746

※袖子的钩织方法与p77作品85嵌入花样的毛衣相同。

毛衣的拼接方法

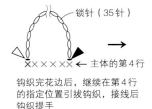

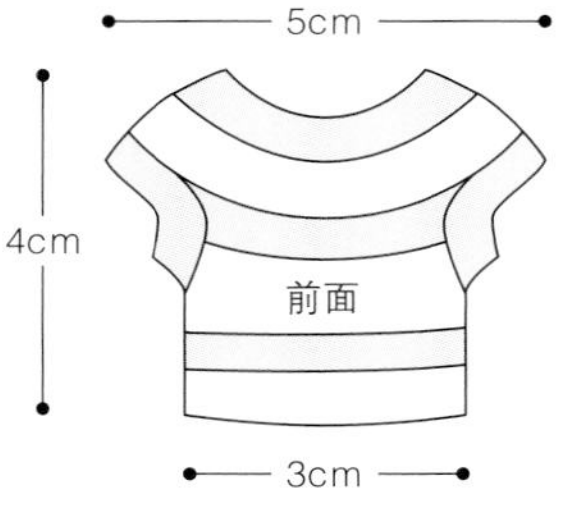

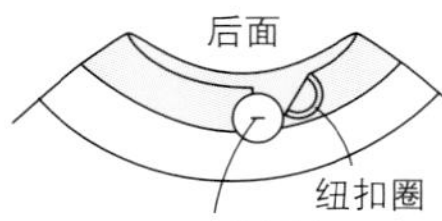

用3024的拆分线（3股线）将纽扣缝好

作品90　背带裤　930

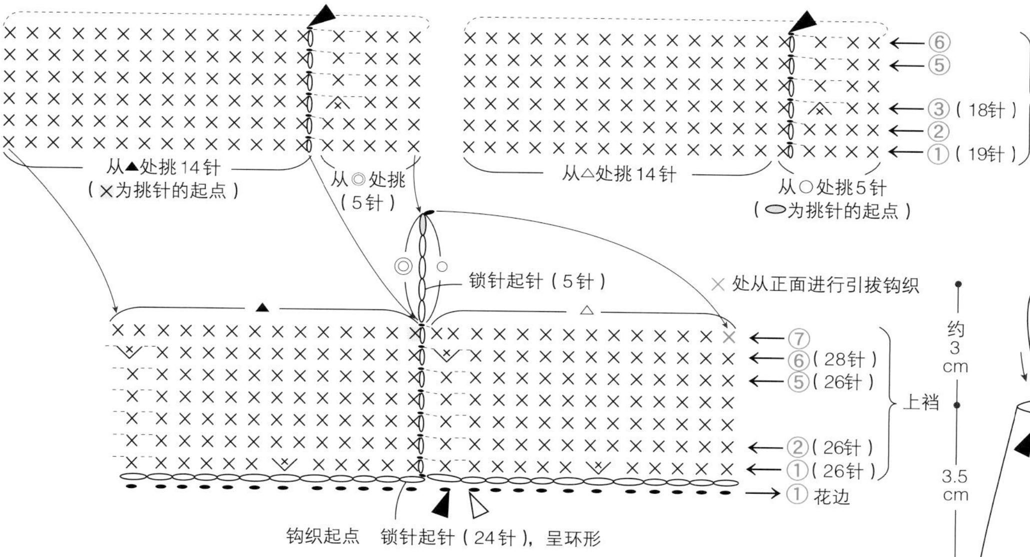

背带裤的拼接方法

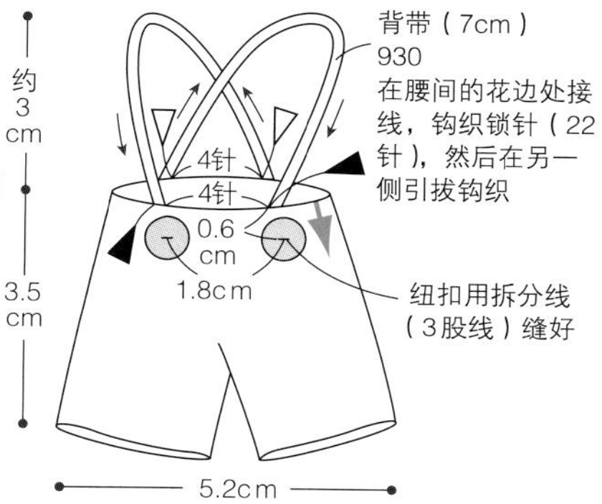

作品91　披肩

※ 参照p4。

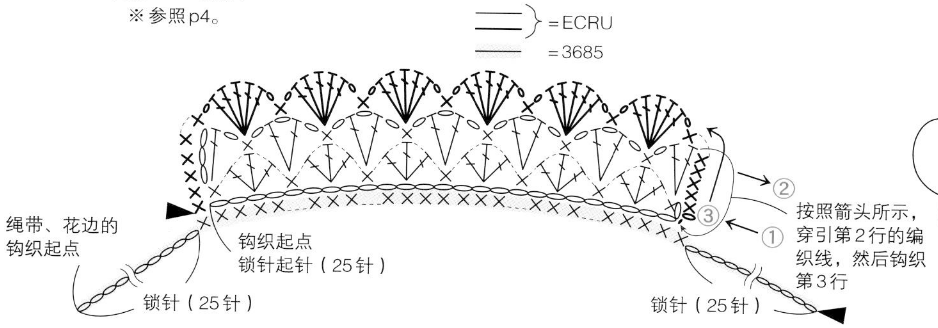

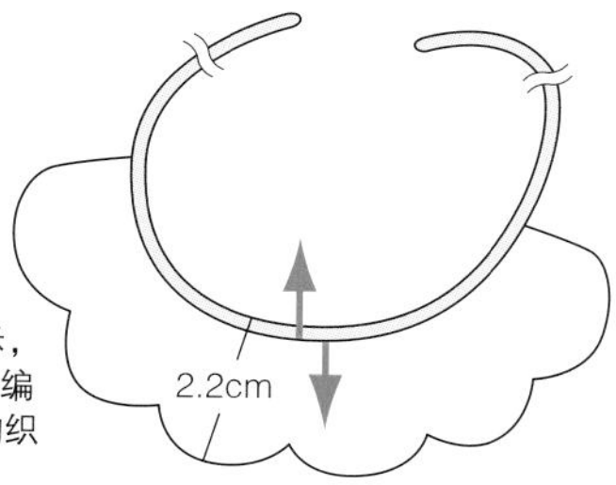

作品92　裙子

3685

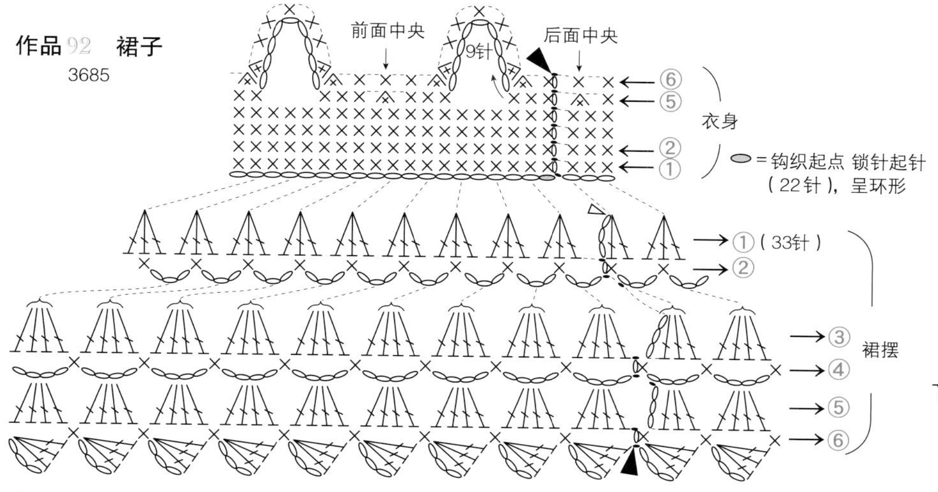

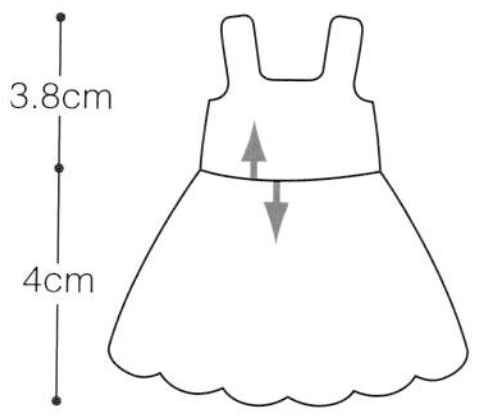

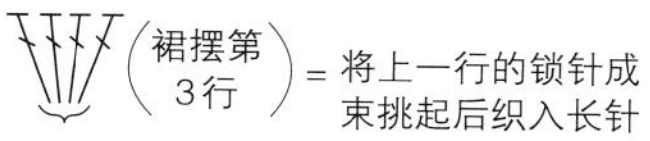

※ 第4、6行的 ×（短针）是将上一行长针之间的部分挑起后再钩织（参照p4）。

准备材料

{编织线} DMC 25号刺绣线

作品93：蓝色系（3761）、（747），各2束

作品94：黄色系（744）、（745），各2束

作品95：白色系（3865），2束

作品96：粉色系（3706），2束

作品97：粉色系（819），6.5束；粉色系（3713），1束；红色系（666），0.5束；红茶色系（3875），少许

{其他}

作品97：HAMANAKA固眼：黑色、3mm，2颗

填充棉：适量

{针}

钩针2/0号针

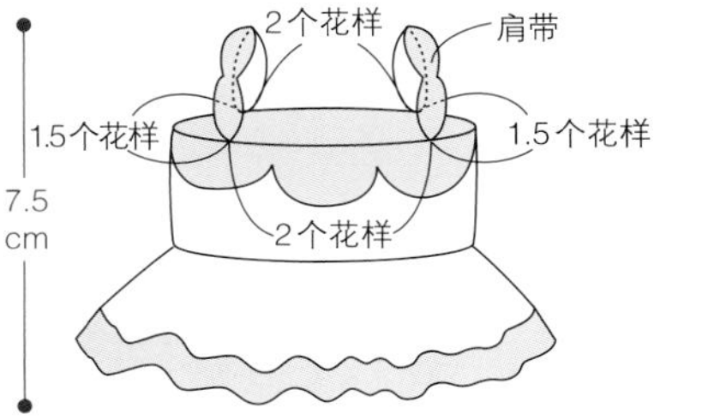

第11行扩大图

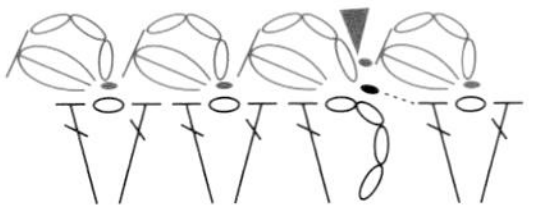

作品93、94 连衣裙 ※参照p76。

93 —— =（1～3、11行、肩带）3761 —— =（4～10行）747

94 —— =（1～3、11行、肩带）744 —— =（4～10行）745

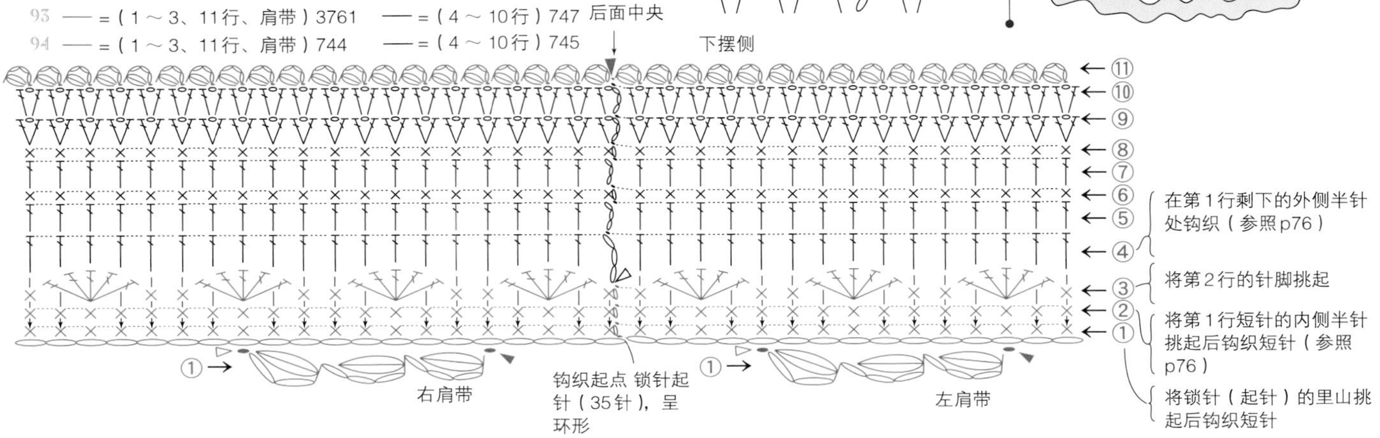

作品95、96 围裙

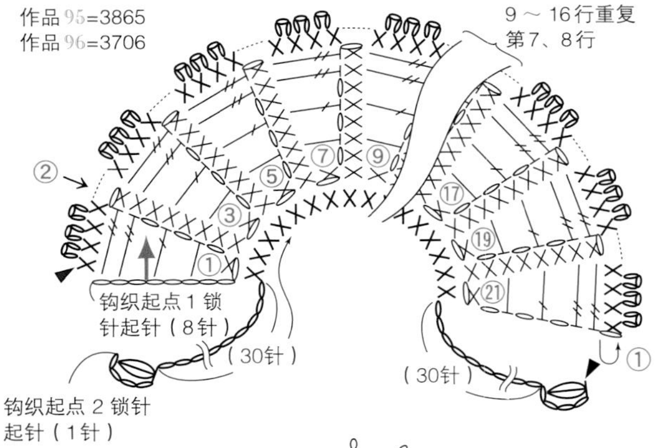

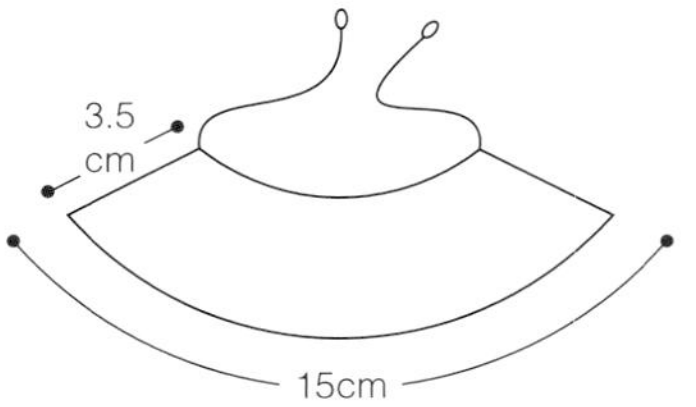

作品97 小猪的后续

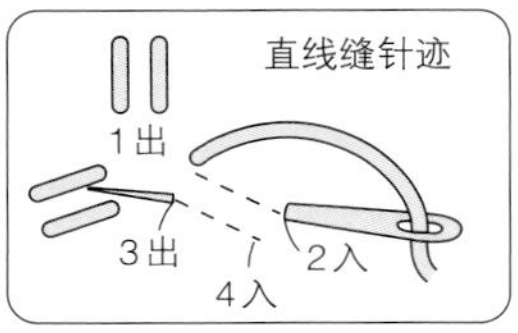

拼接耳朵、眼睛的位置

头部（从正上方看到的样子）

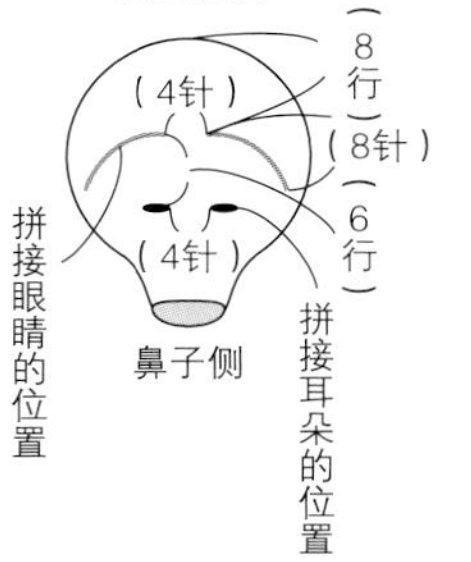

小猪脸部的拼接方法

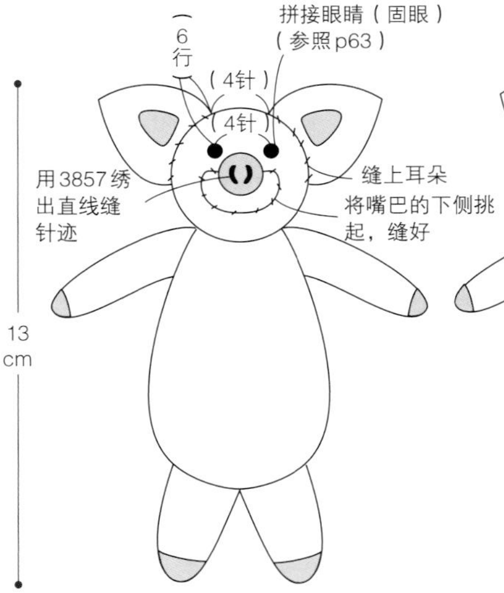

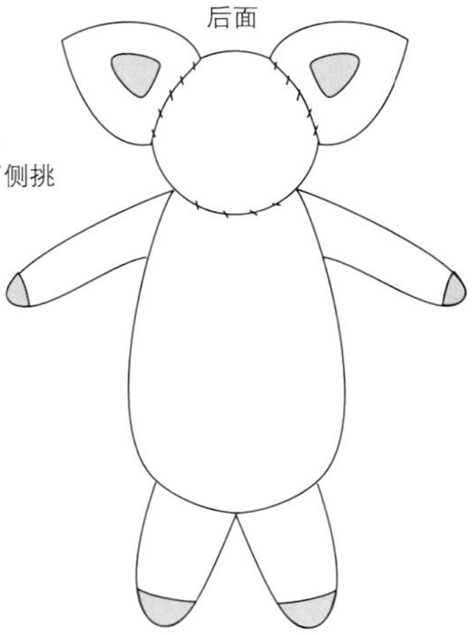

作品97　小猪的脸部

×（3～20行）＝819
×（1、2行）＝3713

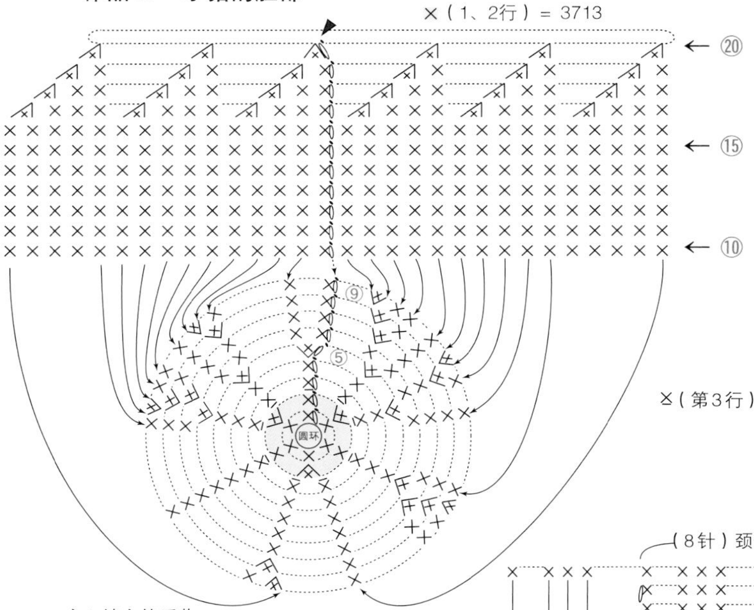

⨯（第3行）＝短针的条针

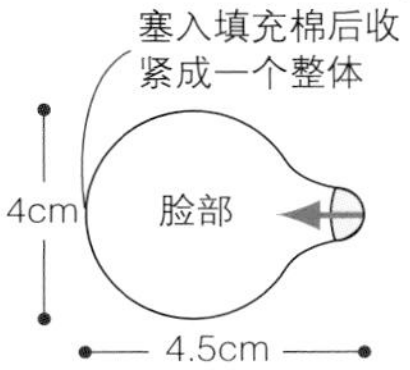

脸部的针数表

行数	针数	加减针数
20	6	－6
19	12	－6
18	18	－6
17	24	－6
10～16	30	
9	30	＋6
8	24	＋6
7	18	＋3
6	15	＋2
5	13	＋4
4	9	
3	9	
2	9	＋3
1	6	

小猪的拼接方法

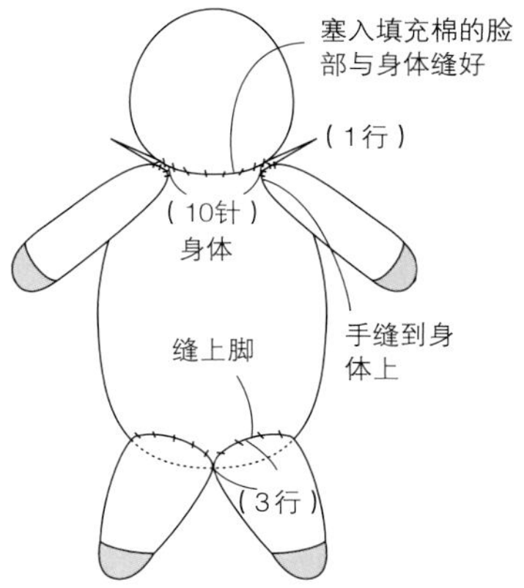

※ 脸部的拼接方法参照p80。

作品97　小猪的身体　819

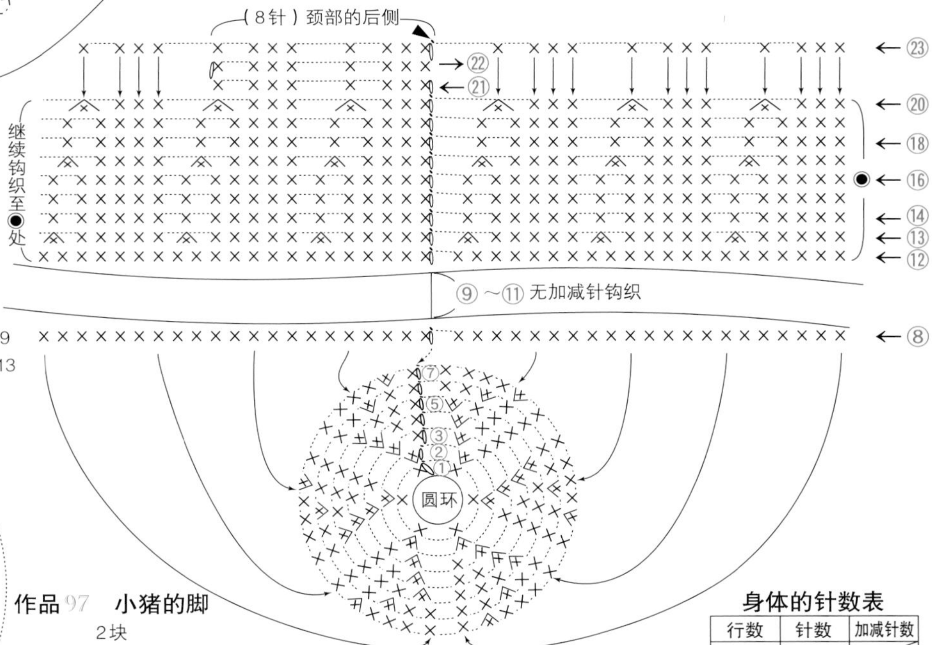

身体的针数表

行数	针数	加减针数
23	24	
21、22	钩织指定的8针	
20	24	－6
18、19	30	
17	30	－6
14～16	36	
13	36	－6
8～12	42	
7	42	＋6
6	36	＋6
5	30	＋6
4	24	＋6
3	18	＋6
2	12	＋6
1	6	

作品97　小猪的手　2块

×（4～12行）＝819
×（1～3行）＝3713

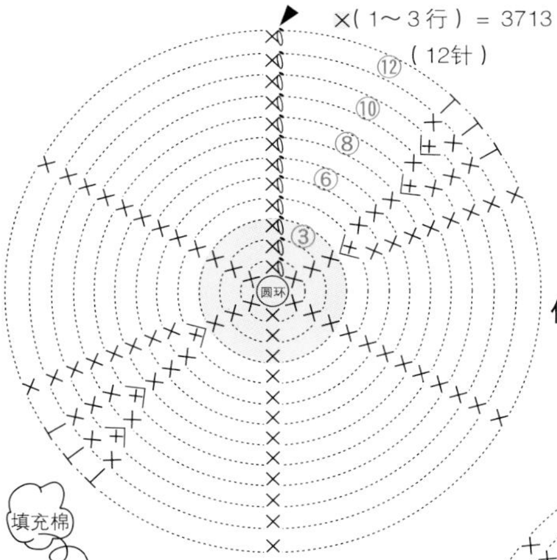

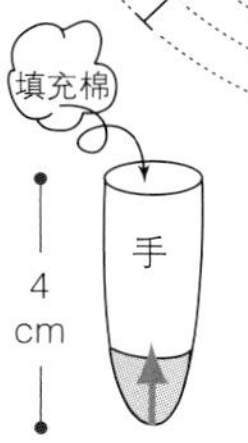

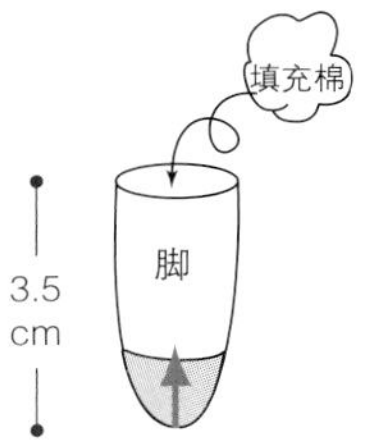

作品97　小猪的脚

2块

×（4～11行）＝819
×（1～3行）＝3713

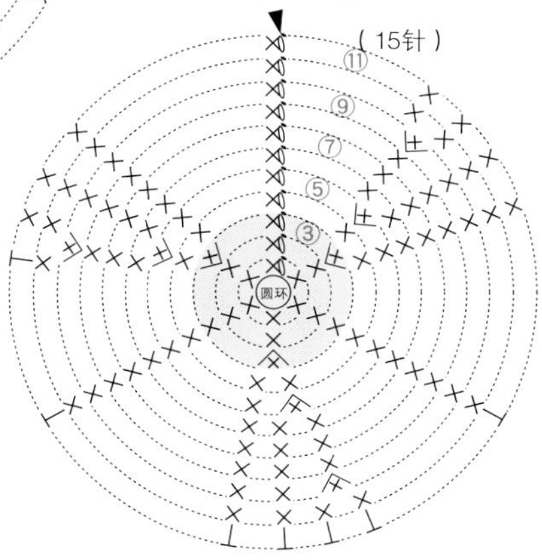

作品97　小猪的耳朵

2块

×（第2、3行）……819
×（第1行）……3713

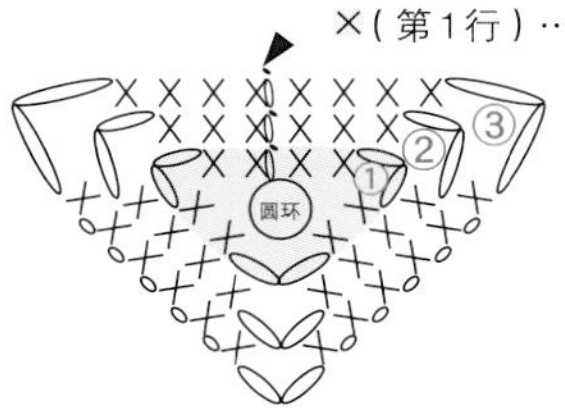

作品97　小猪的嘴巴

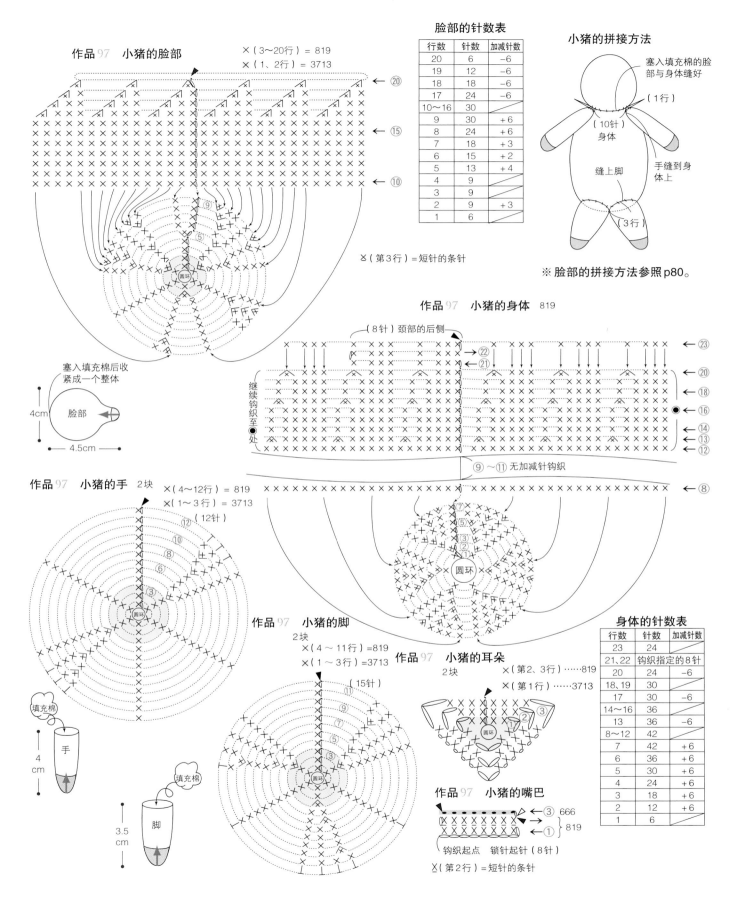

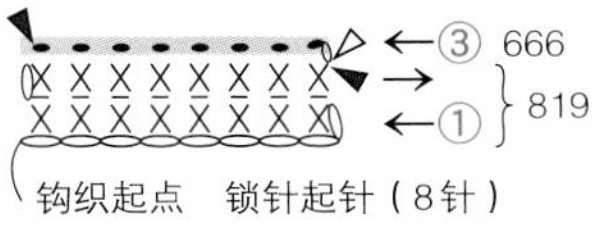

X̲（第2行）＝短针的条针

准备材料

{编织线} DMC 25号刺绣线

作品98：灰色系（3884），8束；灰色系（3799），1束；茶色系（612），0.5束；黑色系（310），少许

作品99：白色系（3865），8束；茶色系（3893），1束；茶色系（738），0.5束；黑色系（310），少许

作品100：蓝色系（311），3.5束；蓝色系（336），1束；黄绿色系（833），0.5束

作品101：粉色、红色系（347）,3.5束；粉红色系（304），1束；黄绿色系（833），0.5束

{其他}

作品98、99共通

HAMANAKA固眼：黑色、5mm，各2颗

填充棉：适量

作品100、101共通

直径0.6cm的子母扣：各2对

{针}

蕾丝针0号

头部的针数表

行数	针数	减针数
23	8	-4
22	12	-6
21	18	-6
20	24	-6
19	30	-3
18	33	-3
17	36	
1～16	参照图	

作品98、99 山羊的头部

作品98=3884
作品99=3865

※无立起的针脚，一圈一圈地钩织。

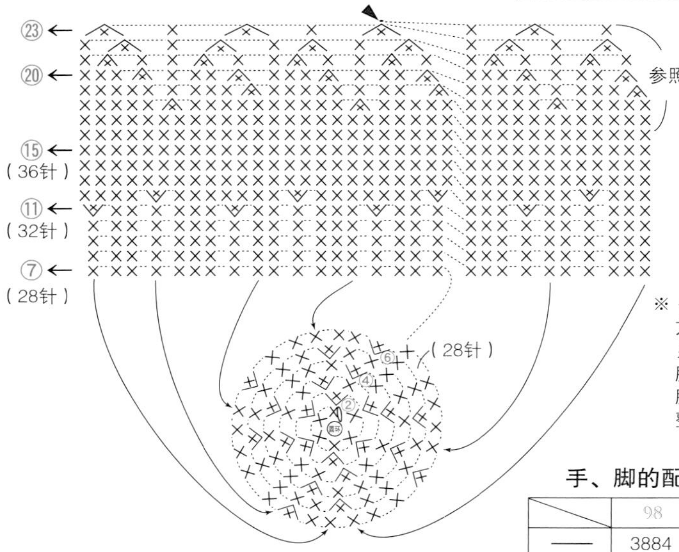

※ ←→ 用卷针订缝的方法缝合（参照p4）。身体的第1行从缝合脚的位置各挑1针，从脚的折痕处各挑15针，整体挑32针。

作品98、99 山羊的身体

作品98=3884
作品99=3865

※无立起的针脚，一圈一圈地钩织。

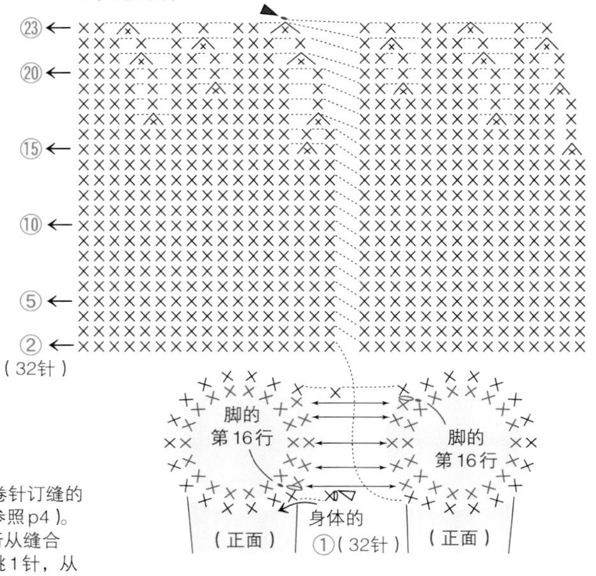

身体的针数表

行数	针数	减针数
23	15	-3
22	18	-3
21	21	-3
20	24	
19	24	-3
18	27	
17	27	-3
16	30	
15	30	-2
1～14	32	

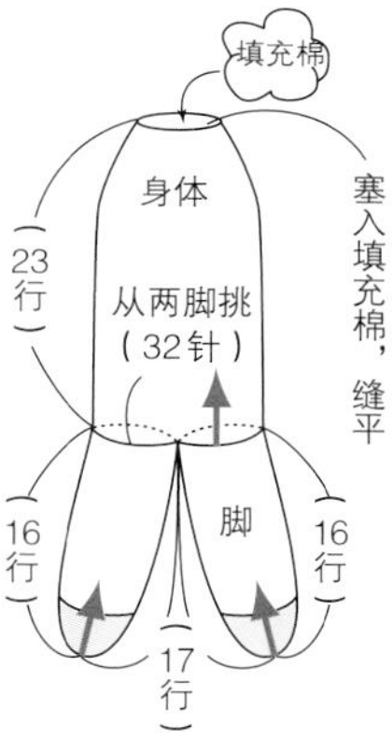

手、脚的配色表

	98	99
——	3884	3865
——	3799	3893

作品98、99 山羊的脚

各2块

※手、脚均无立起的针脚，一圈一圈地钩织。

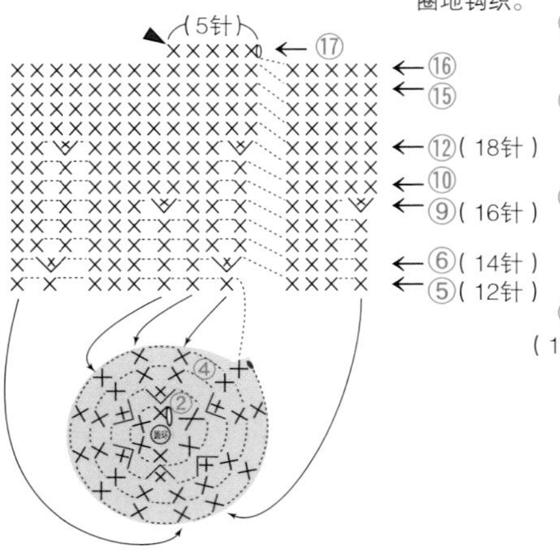

作品98、99 山羊的手

各2块

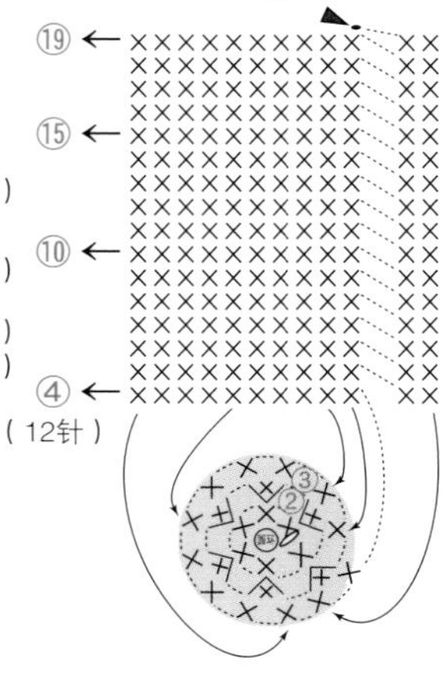

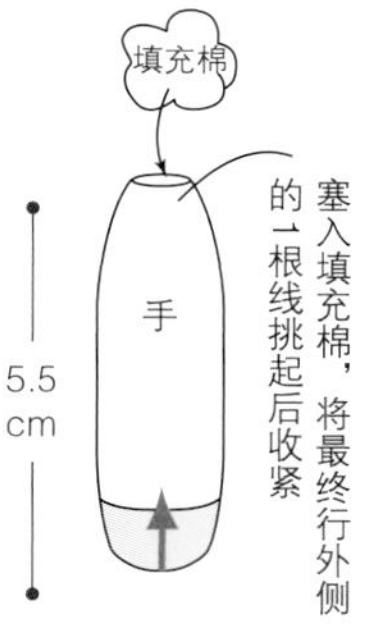

头部与身体的拼接方法

背面图

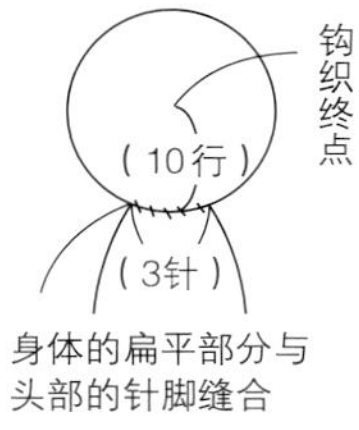

侧面图

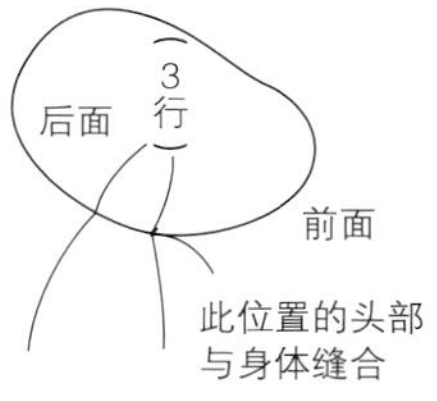

作品98、99 山羊的耳朵

各2块

作品98=3884
作品99=3865

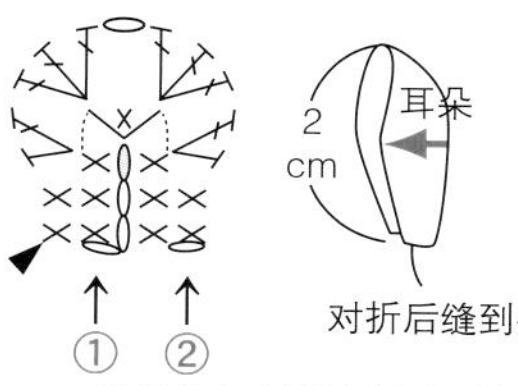

⬭ = 钩织起点 锁针起针（3针）

作品98、99 山羊的犄角

各2块

作品98=612
作品99=738

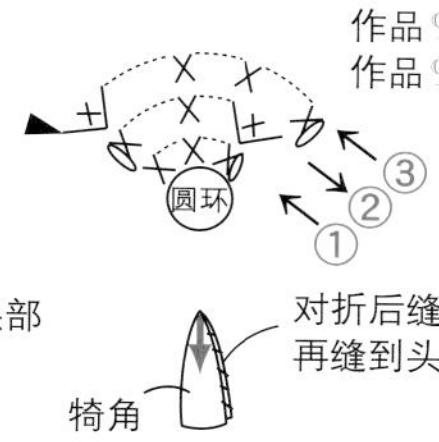

山羊的拼接方法

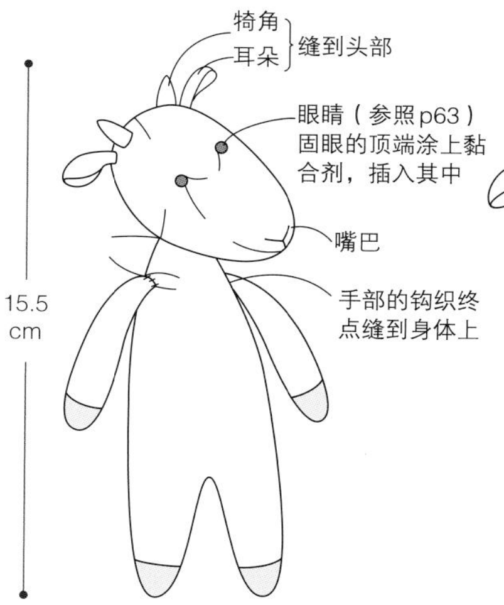

接犄角、耳朵的位置

从正上方看如图
（后面）

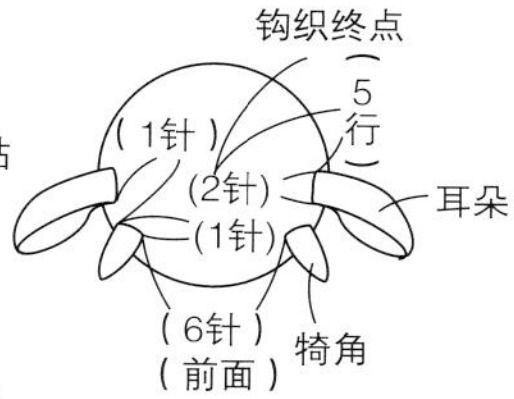

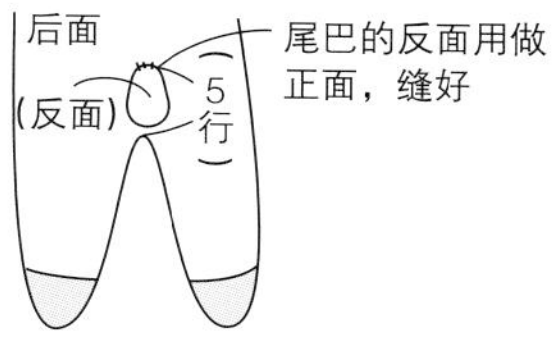

作品98、99 山羊的尾巴

作品98=3884
作品99=3865

作品98 山羊的胡须

3884

钩织起点
锁针起针（6针）

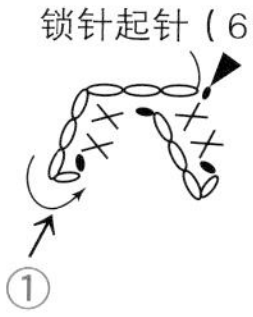

拼接胡须的位置

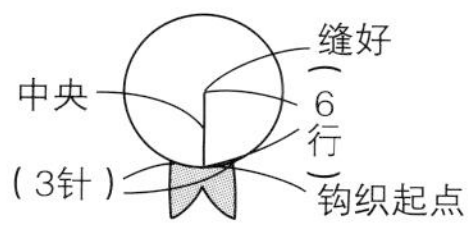

※缝到下颚。

嘴巴的刺绣

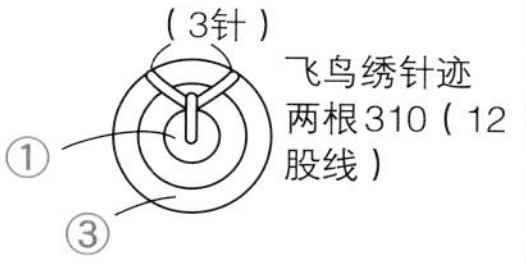

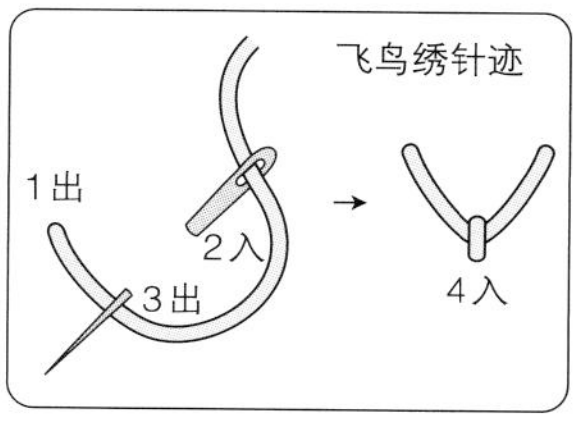

作品100、101 外套主体

※钩织引拔针（⬬）时，先将衣领第2行短针的尾针挑起，然后用833钩织（参照p5“袖口的引拔针”）。

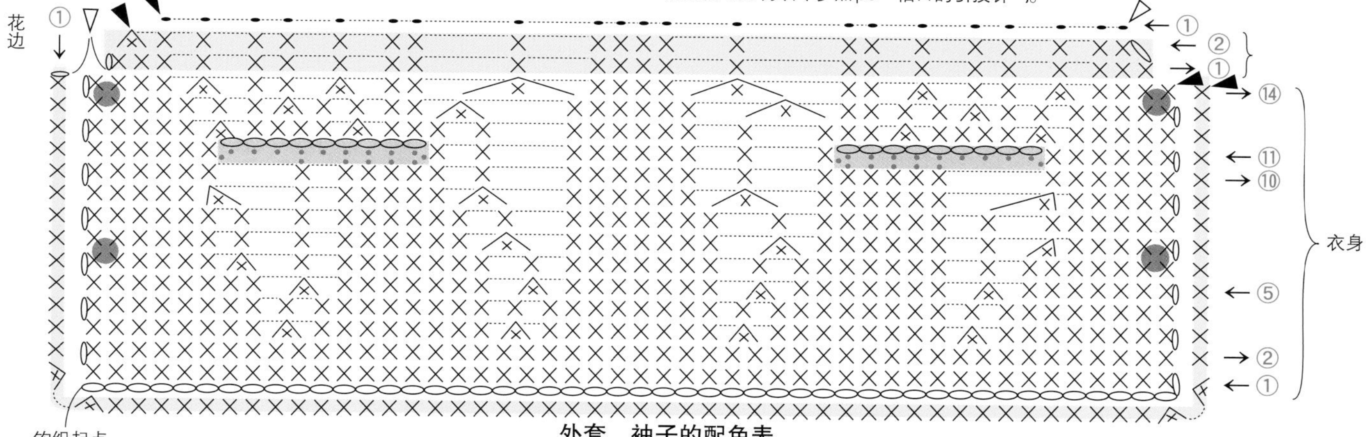

钩织起点
锁针起针（48针）

外套、袖子的配色表

	100	101
——	311	347
▬▬	336	304

▒ = 袖口的位置

● = 缝子母扣的位置

• = 袖子的位置

作品100、101 外套袖子

※袖口的引拔针（⬬）是将第10行短针的尾针挑起后用833钩织（参照p5）。

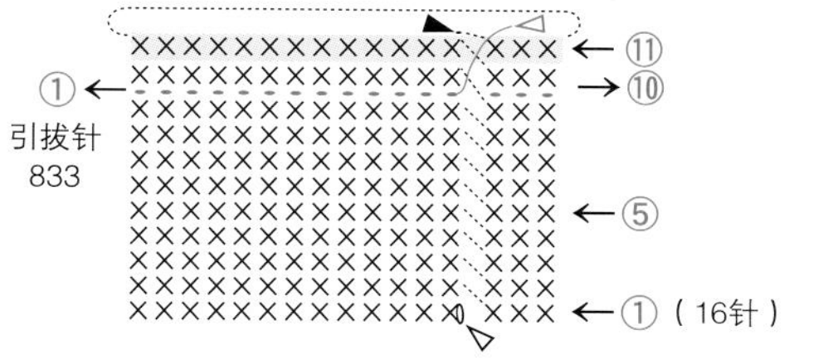

从袖口的位置挑针（参照外套的钩织图），呈环形，钩织11行（参照p4）

作品100、101 外套的纽扣

833 各2颗

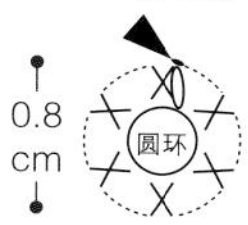

外套的拼接方法

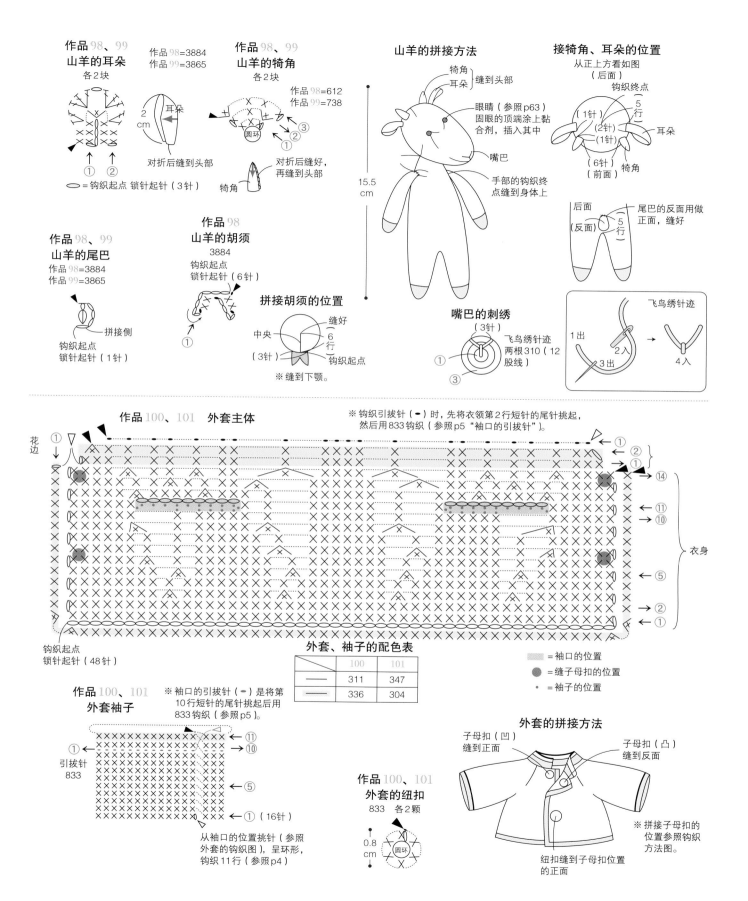

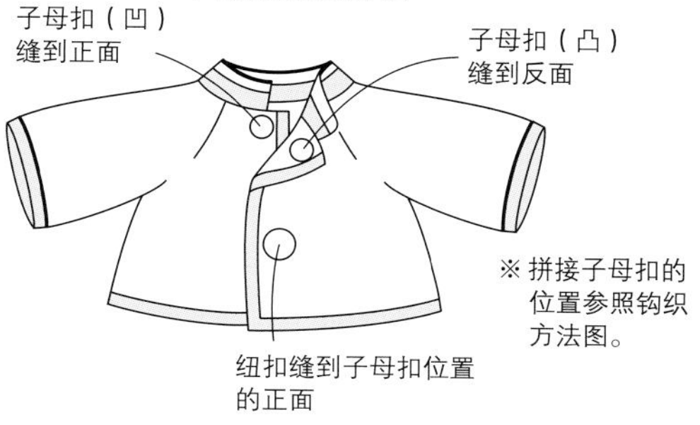

※拼接子母扣的位置参照钩织方法图。

准备材料

{编织线} DMC 25号刺绣线

作品106：绿色系（3032），5.5束；白色系（3865），2束；蓝色系（939），少许

作品107：粉红色系（3830），5.5束；茶色系（822），2束；蓝色系（939），少许

作品108：橙色系（970），1.5束；绿色系（166），0.5束

作品109：绿色系（959），1.5束；黄色系（744），0.5束

{其他}

作品106、107共通　直径0.7cm的贝壳纽扣：4个孔，各4颗

填充棉：适量

作品108、109共通　直径0.6cm的纽扣：2个孔，各1颗

{针}

蕾丝针0号

毛驴的配色表

	106	107
身体、颈部、流苏	3032	3830
头部、耳朵、脚 ——	3032	3830
头部、耳朵、脚 ▬▬	3865	822

作品106、107　毛驴的身体

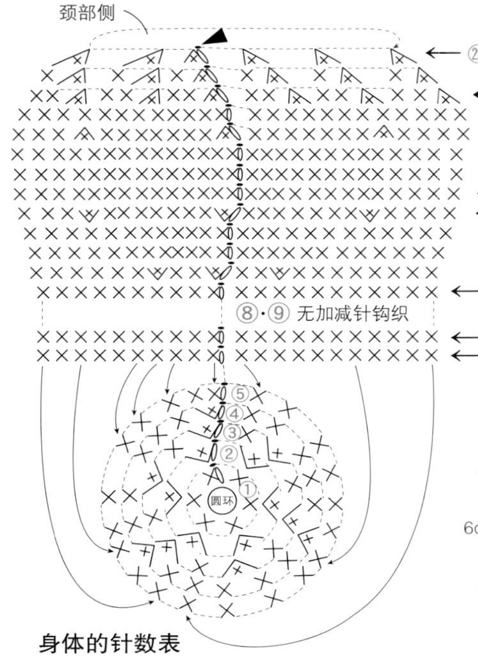

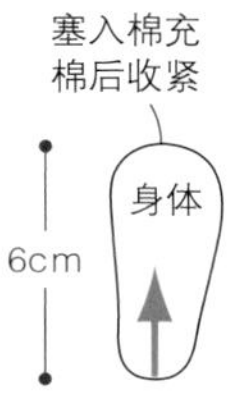

作品106、107　毛驴的头部

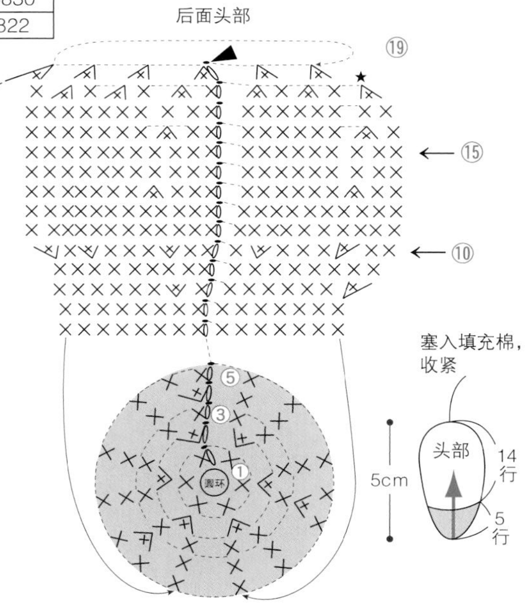

从★印记处的针脚挑（1针）

头部的针数表

行数	针数	加减针数
19	6	－6
18	12	－6
17	18	
16	18	－2
14、15	20	
13	20	－2
11、12	22	
10	22	＋5
9	17	
8	17	＋2
5～7	15	
4	15	＋3
3	12	
2	12	＋6
1	6	

身体的针数表

行数	针数	加减针数
22	6	－6
21	12	－6
20	18	－6
19	24	
18	24	－3
15～17	27	
14	27	＋3
12、13	24	
11	24	＋3
5～10	21	
4	21	＋3
3	18	＋6
2	12	＋6
1	6	

作品106、107　毛驴的耳朵

各2块

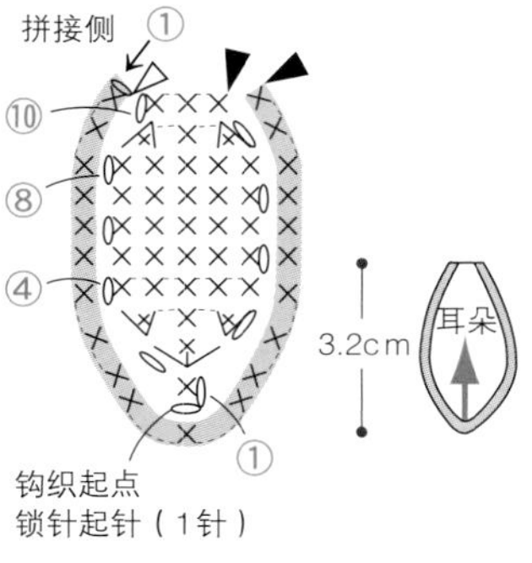

作品106、107　毛驴的脚

各4块

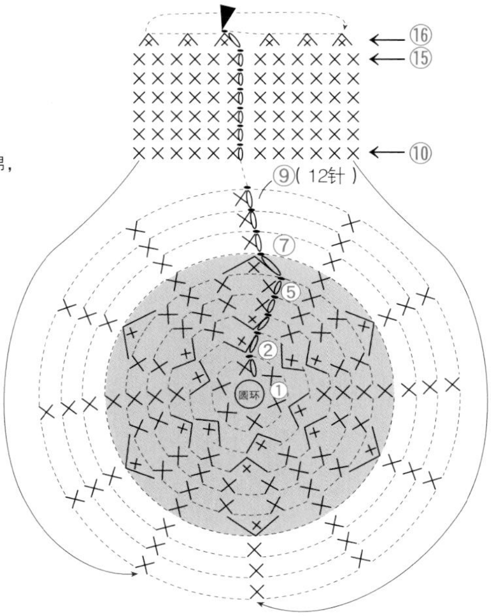

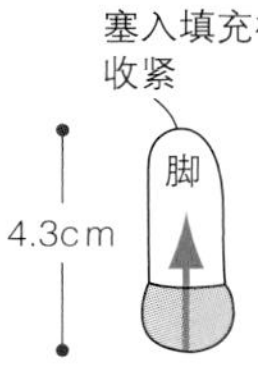

脚的针数表

行数	针数	加减针数
16	6	－6
7～15	12	
6	12	－6
4、5	18	
3	18	＋6
2	12	＋6
1	6	

作品106、107　毛驴的颈部

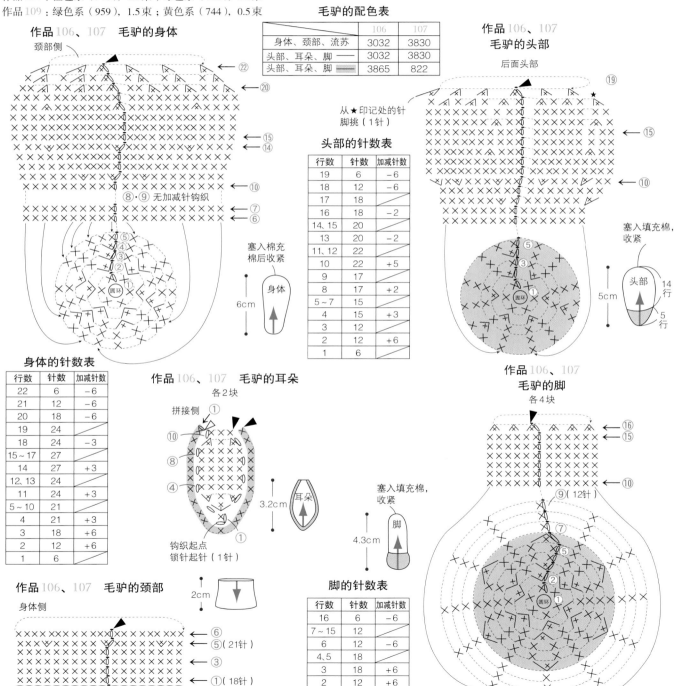

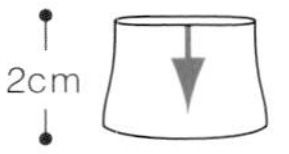

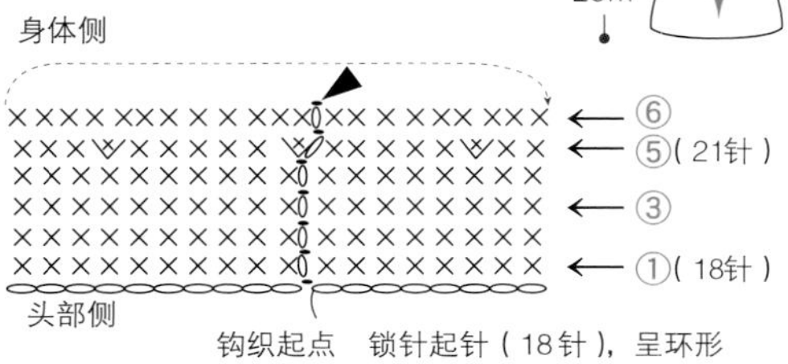

拼接耳朵的位置

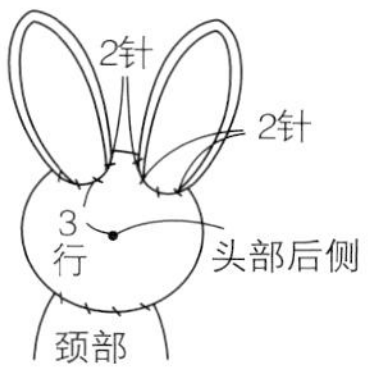

眼睛、鼻子的刺绣位置

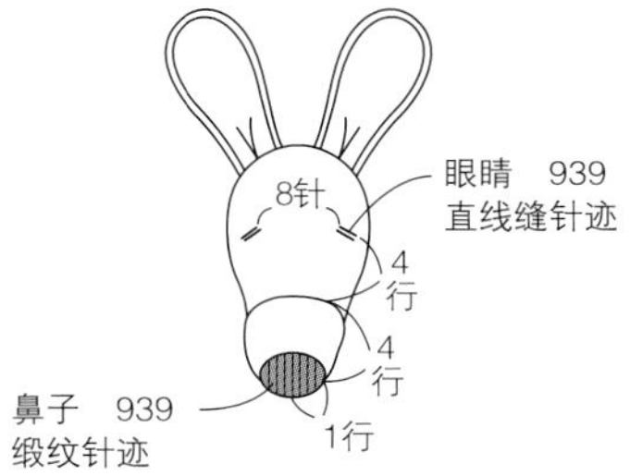

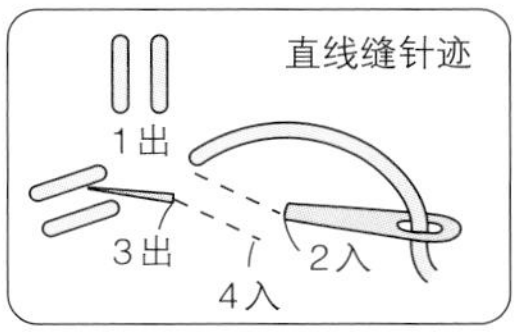

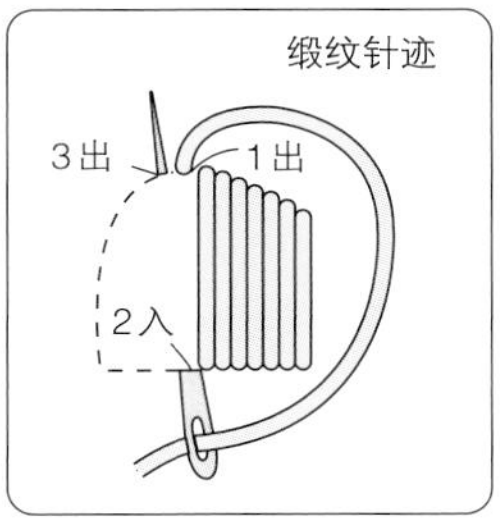

毛驴的拼接方法

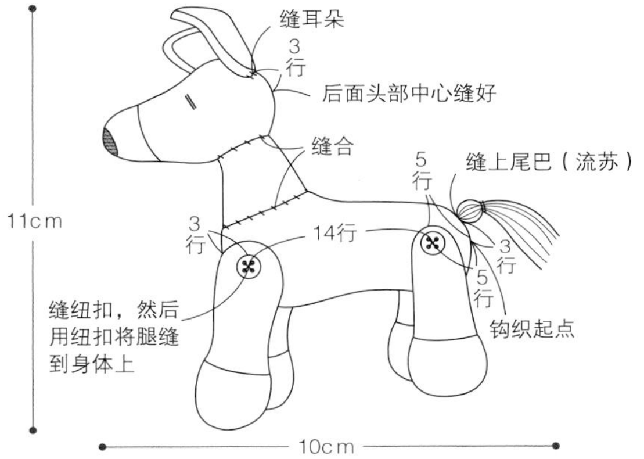

尾巴（流苏）的拼接方法

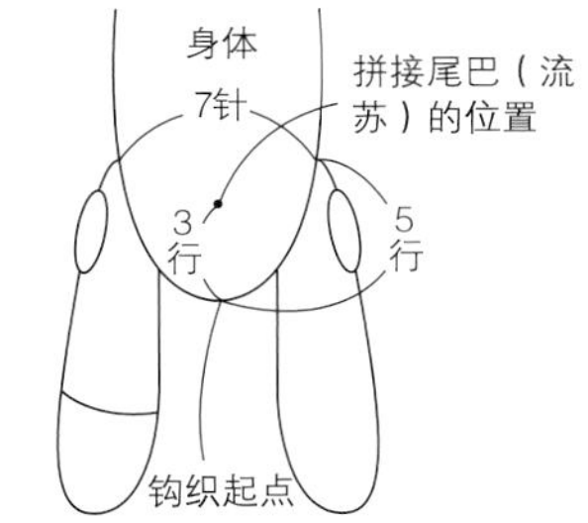

作品106、107 流苏

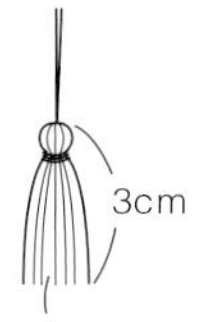

准备好16cm×8根（48股线）编织线，对折后打结（参照步骤如下）

作品108、108 背心

背心的配色表

	108	109
——	970	959
——	166	744

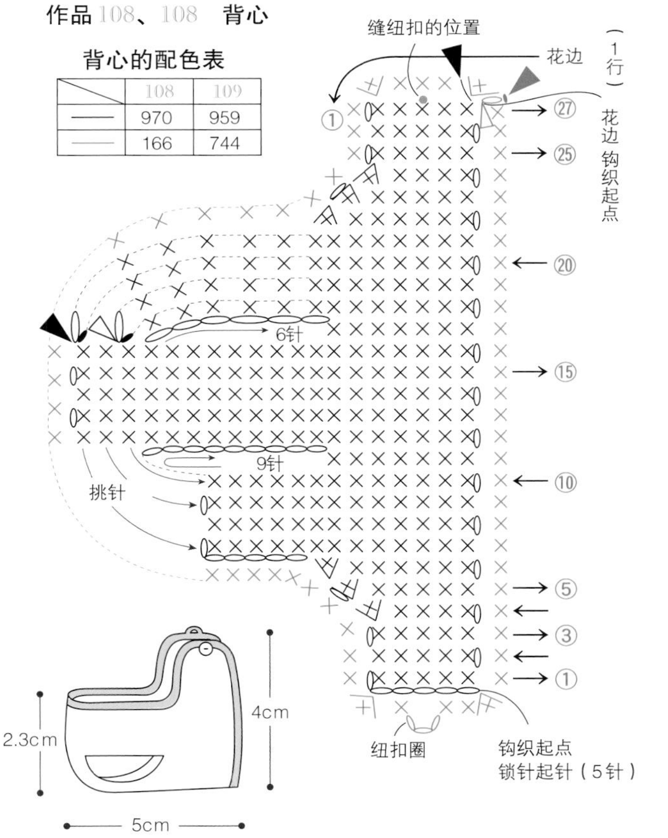

重点课程

106、107 图片 p38、39 ✿ 流苏的制作方法

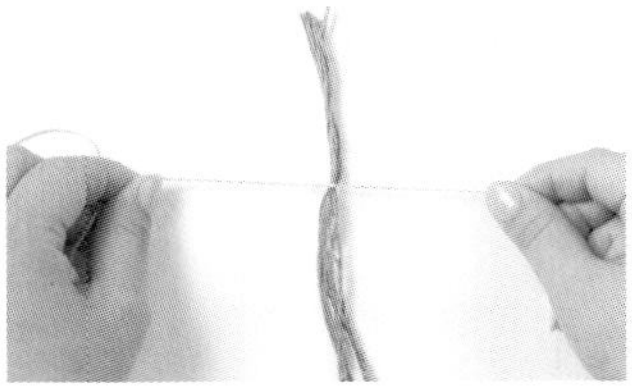

1 按指定的长度准备好指定数量的编织线，用同色线在中央缠2次，打结。

2 从中央对折，用同色线在距离结头1cm左右的位置打结。

3 打结后的编织线穿入缝衣针中，线头塞入结头中。

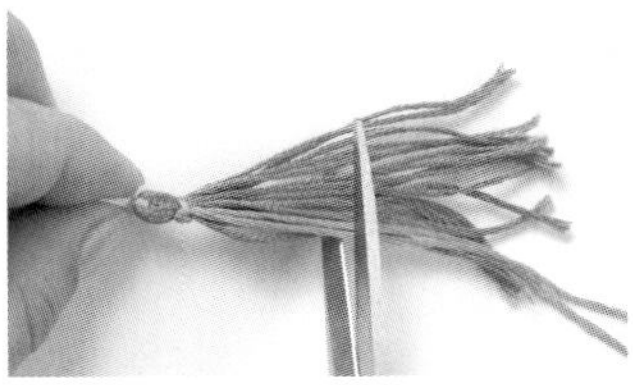

4 将步骤1打结编织线之外的部分整理成束，修剪成指定的长度，完成。

准备材料

{编织线} DMC 25号刺绣线

作品110：白色系（3865），5.5束；绿色系（3023），3.5束；绿色系（470），1束；灰色系（3884），0.5束

作品111：米褐色系（739），5.5束；茶色系（3863），3.5束；粉红色系（3328），1束；绿色系（3021），0.5束

作品112：绿色系（166），3束；绿色系（561）、黄色系（728），各0.5束

作品113：茶色系（922），3束；茶色系（801）、紫色系（3803），各0.5束

{其他}

作品110、111共通

HAMANAKA固眼：黑色、4.5mm，各2颗

填充棉：适量

{针}

蕾丝针0号

<刺猬的钩织方法>

※ 参照p5。

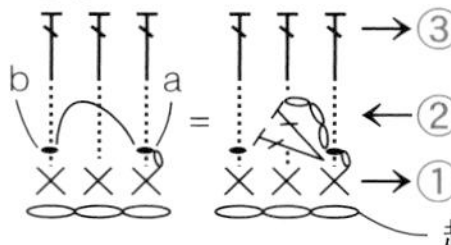

①偶数行织入1针立起的锁针，将上一行短针（×）的内侧半针挑起后，在同一针脚中钩织引拔针（a）、3针锁针、2针长针。然后将短针的内侧半针挑起，织入引拔针（b）。

②奇数行按照图示方法钩织长针，将步骤①钩织短针（×）剩余的半针挑起后再钩织长针。

=织片翻到反面，在相同的剩余半针中引拔钩织

作品110、111 刺猬的刺

作品110=3023
作品111=3863

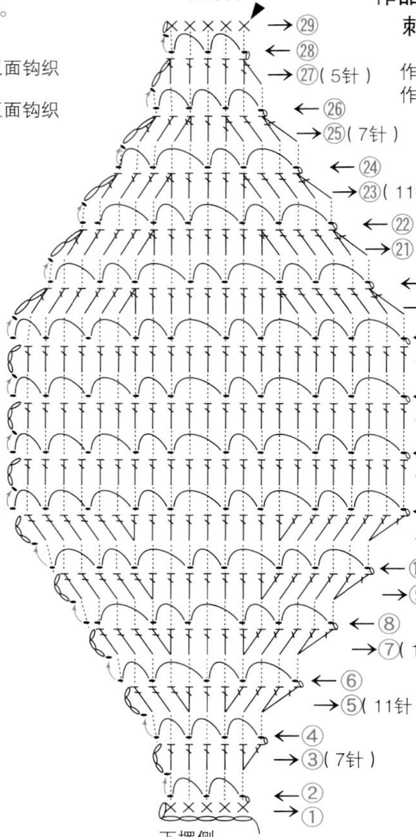

作品110、111 刺猬的身体

※ 钩织两块脚的织片，拼接后继续钩织身体。
※ 无须立起的针脚，一圈一圈地钩织。

作品110=3023
作品111=3863

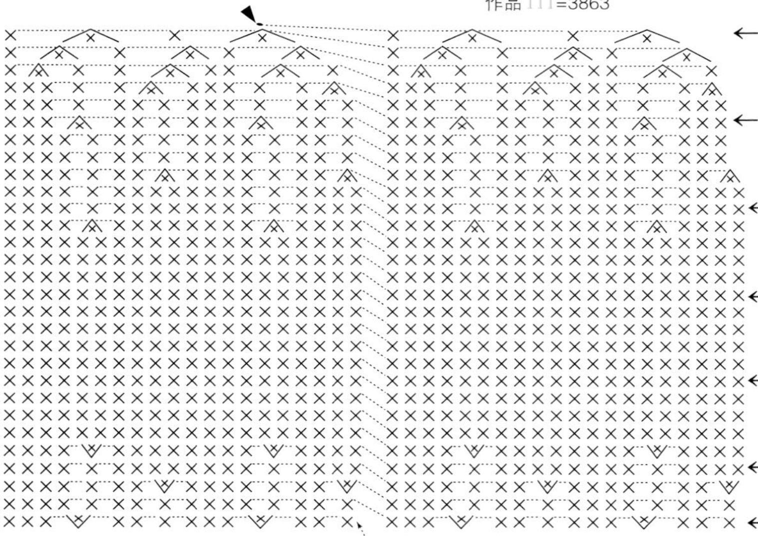

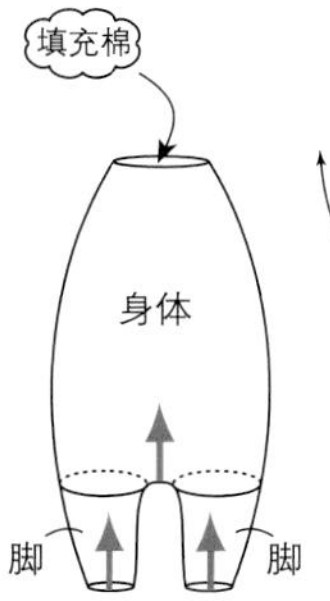

塞入填充棉，将最终行外侧的1根线挑起，收紧

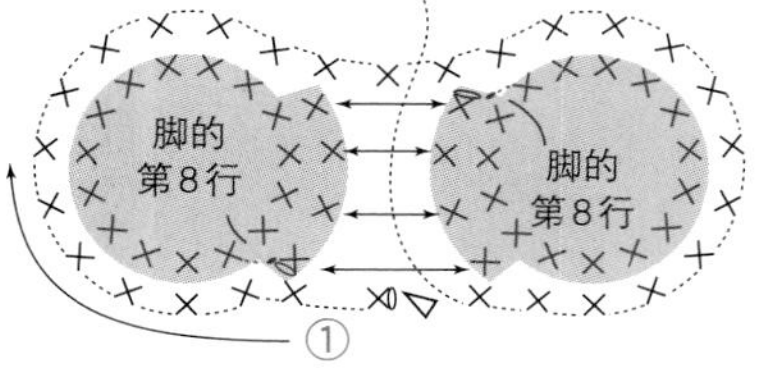

←→=用卷针将两块脚的织片缝合

※ 钩织身体的第1行时，从脚尖的位置各挑1针，从脚跟的位置各挑13针，两侧共挑28针（参照p4“山羊脚、身体的钩织方法”）。

行数	针数	加减针数
30	8	−4
29	12	−6
28	18	−6
27	24	−4
26	28	
25	28	−4
23、24	32	
22	32	−4
20、21	36	
19	36	−4
7～18	40	
6	40	+4
5	36	
4	36	+4
3	32	
2	32	+4
1	28	

作品110、111 刺猬的脚

各2块

作品110=3865
作品111=739

※ 无立体钩织的针脚，一圈一圈地钩织。

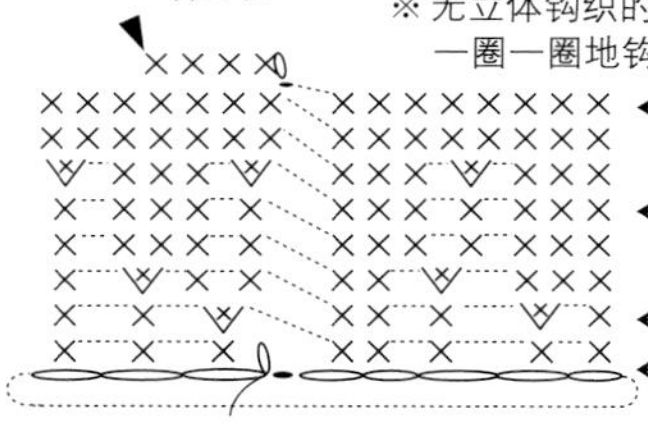

钩织起点
锁针起针（8针），呈环形

※ 将锁针外侧的半针和里山挑起后钩织第1行。

作品110、111 刺猬的脚尖

作品110=3884
作品111=3021

※ 脚对折，将起针的锁针半针挑起2针后钩织（参照p5）。

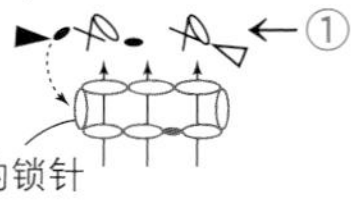

作品110、111 刺猬的耳朵

各2块

作品110=3865
作品111=739

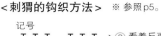

钩织起点
锁针起针（1针）

作品110、111 刺猬的手

各2块

作品110=3865
作品111=739

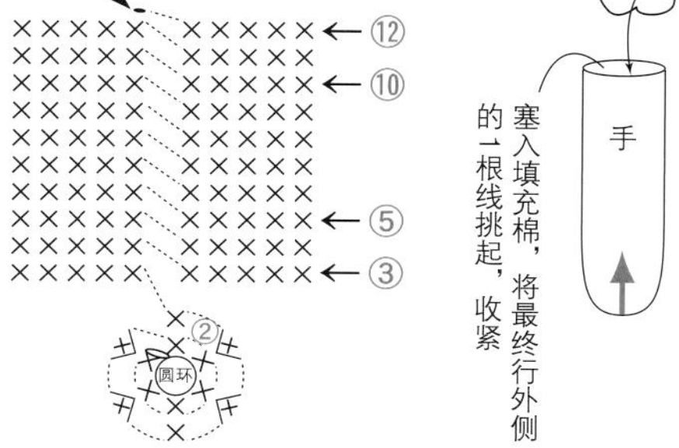

作品110、111 刺猬的鼻子

※第2行之后，无须立起的针脚，一圈一圈地钩织。

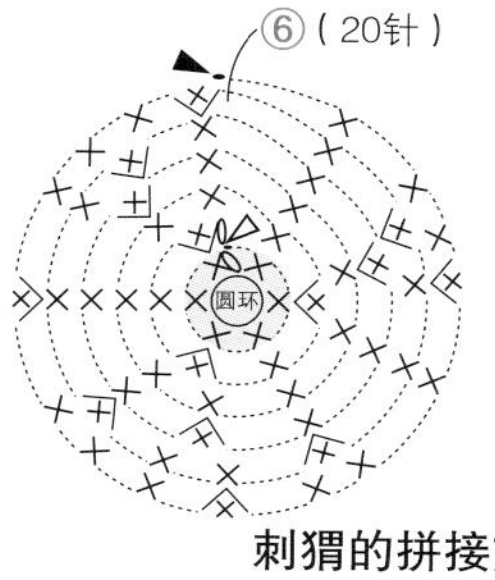

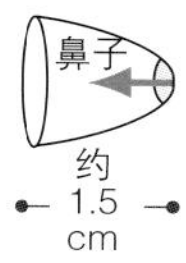

鼻子的配色表

	110	111
——	3865	739
——	3884	3021

贝雷帽的针数表

行数	针数	加减针数
7	20	-4
5、6	24	
4	24	+6
3	18	+6
2	12	+6
1	6	

作品110、111 刺猬的贝雷帽

※无立起的针脚，一圈一圈地钩织。

作品110=470
作品111=3328

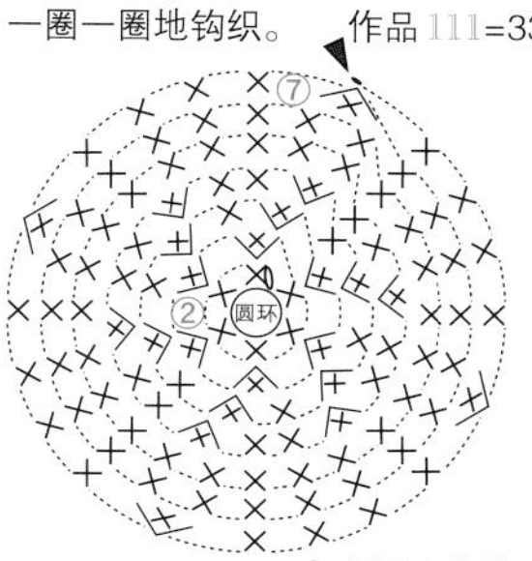

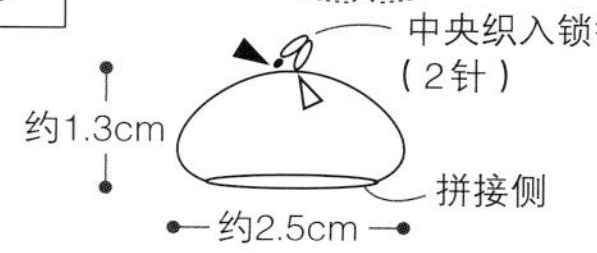

刺猬的拼接方法

拼接手、刺的位置

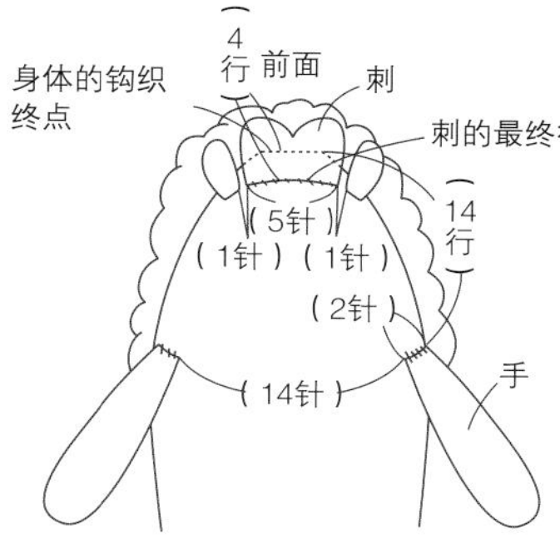

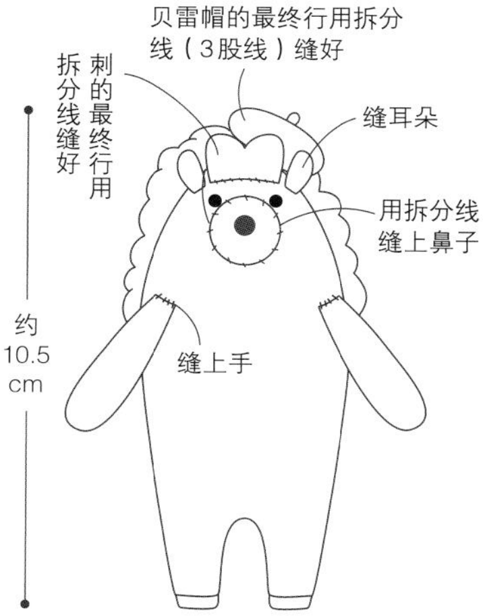

拼接耳朵、眼睛、鼻子的位置

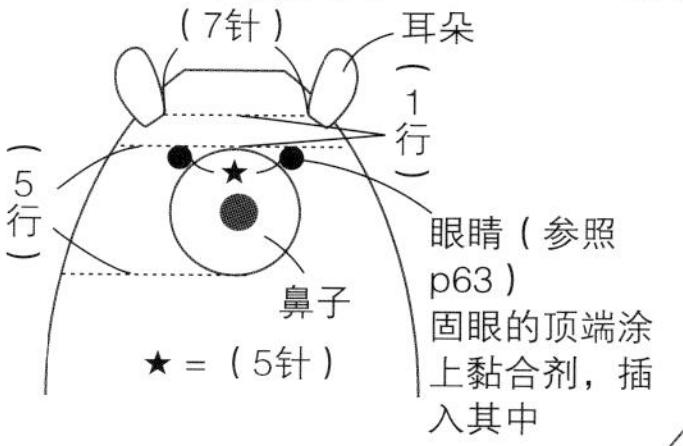

背带裤的钩织方法顺序

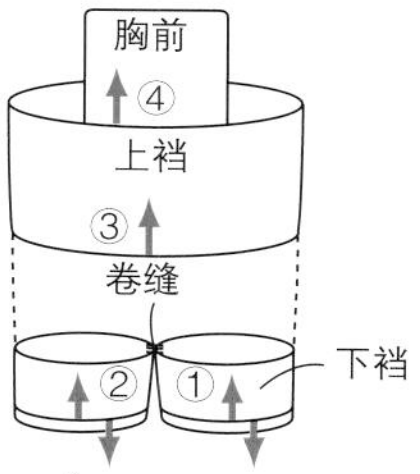

作品112、113 背带裤主体

作品112=166
作品113=922

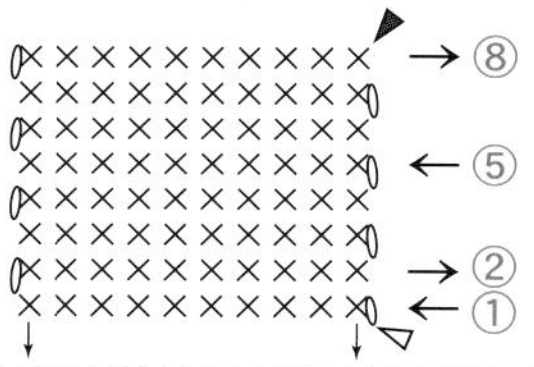

胸前

※上裆、下裆无须立起的锁针，一圈一圈地钩织。

※钩织完两块下裆的织片，←→的位置用卷针订缝的方法缝合。

※钩织上裆的第1行时，从下裆的第4行挑40针。

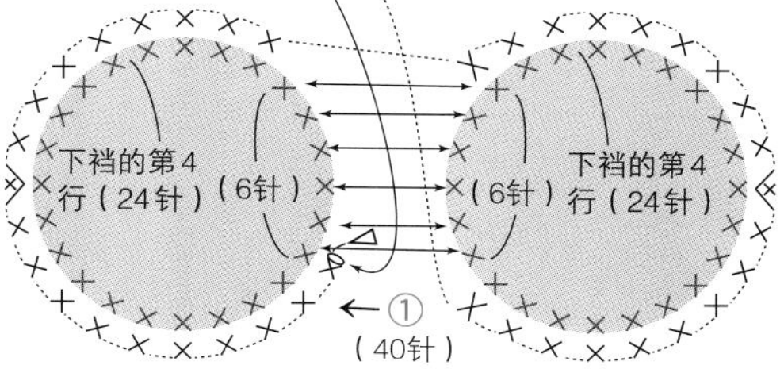

作品112、113 下裆

各2块

※无须立起的锁针，一圈一圈地钩织。

下裆的配色表

	112	113
——	166	922
——	561	801

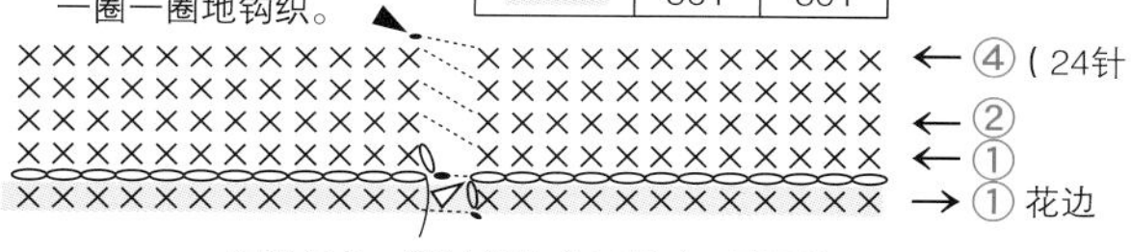

作品112、113 背带

2根

作品112=166
作品113=922

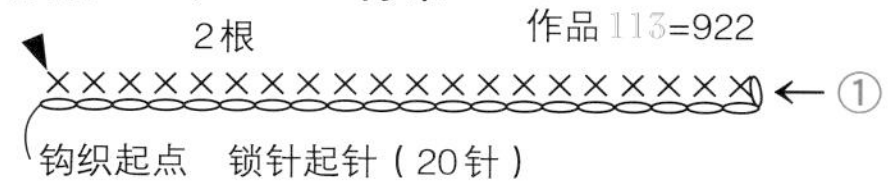

背带裤的拼接方法

※背带拼接到胸前和上裆

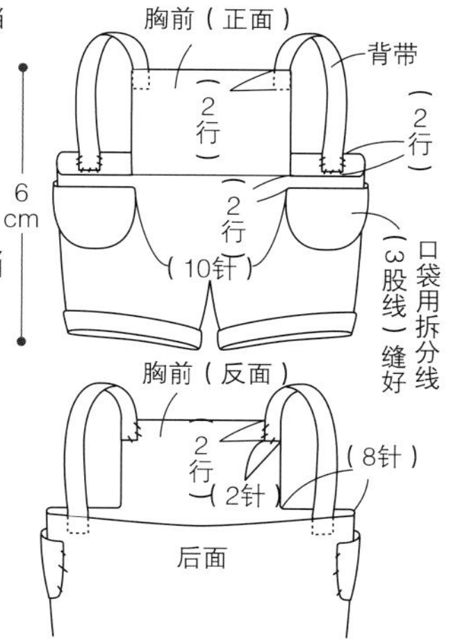

作品112、113 口袋

各2块

作品112=728
作品113=3803

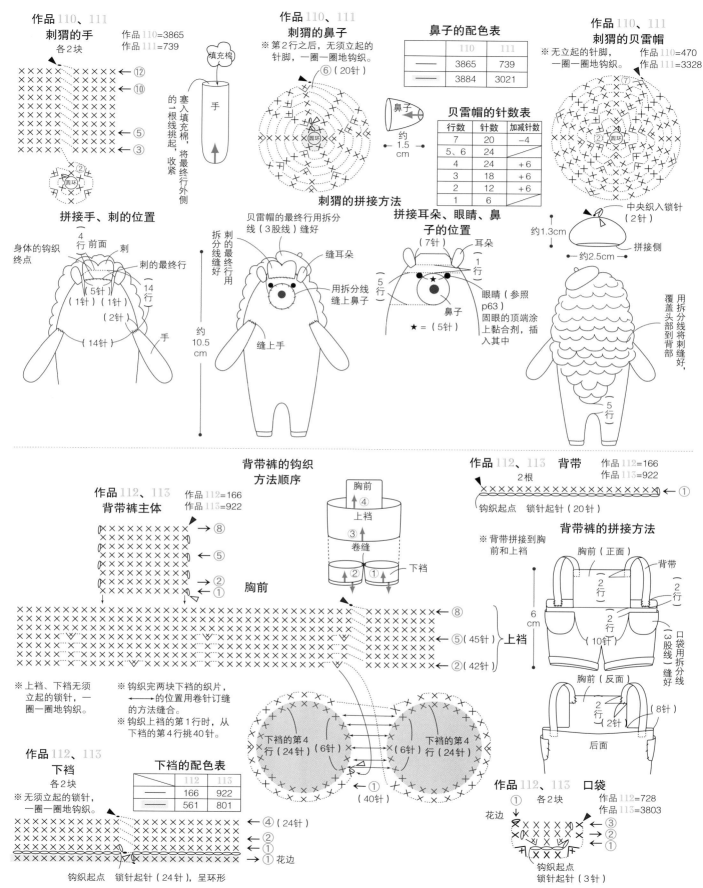

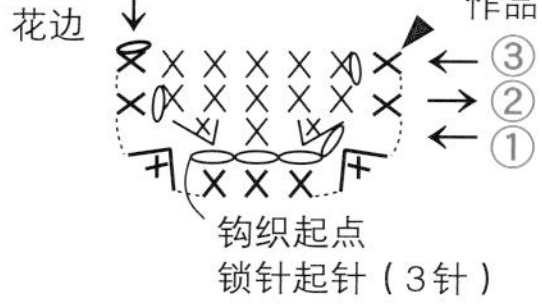

准备材料

{编织线} DMC 25号刺绣线

作品120～125：粉色、红色系（948），1.5束；红色系（666），少许

作品120：茶色系（938），1.5束；绿色系（562）、黄色系（3822），各1束；黄色系（677）、橙色系（946）、茶色系（780），各0.5束

作品121：茶色系（3031），2束；粉色系（899），1.5束；绿色系（562）、橙色系（3853），各0.5束；粉色系（3713），少许

作品122：茶色系（838），2束；红色系（349）、蓝色系（598），各1.5束；蓝色系（3765）、茶色系（922），各0.5束

作品123：蓝色系（334）、茶色系（3371），各1.5束；红色系（817）、绿色系（890），各0.5束

作品124：茶色系（898），1.5束；绿色系（3847）、蓝色系（312），各1束；粉红色系（603）、紫色系（718），各0.5束

作品125：橙色系（721）、茶色系（300），各1.5束；蓝色系（598）、紫色系（326），0.5束

{其他}

作品120～125共通

HAMANAKA固眼：黑色、4mm，各2颗

填充棉：适量

{针}

钩针2/0号针

作品120～126 头部 948

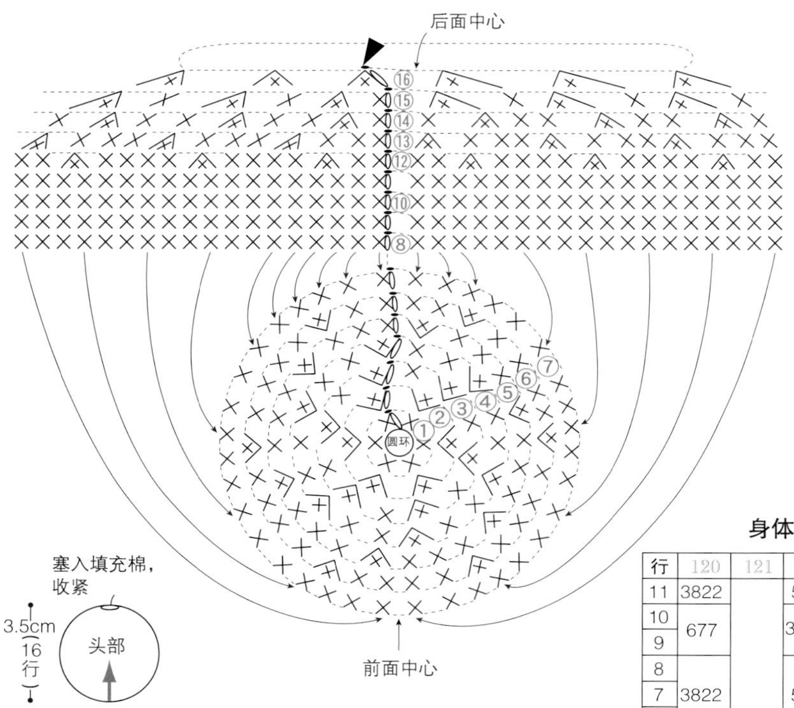

头部的针数表

行数	针数	加减针数
16	6	－6
15	12	－6
14	18	－6
13	24	－6
12	30	－6
7～11	36	
6	36	＋6
5	30	＋6
4	24	＋6
3	18	＋6
2	12	＋6
1	6	

作品120～125 手、脚

各2块

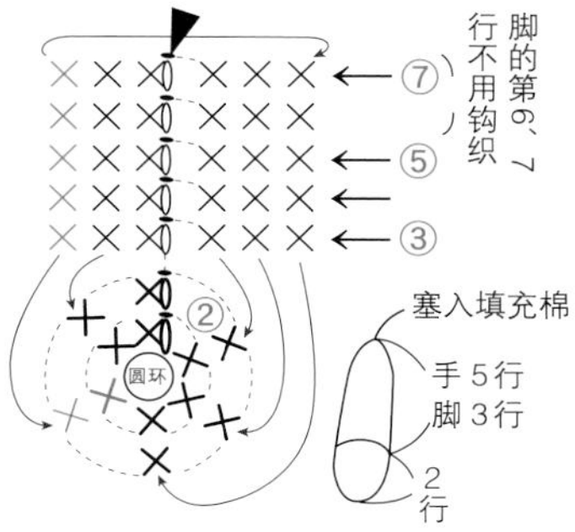

※手跳过×、×，钩织第7行。

手、脚的配色表

	行数	120	121	122	123	124	125
手	3～7	3822	899	598	334	3847	721
	1、2	948	948	948	948	948	948
脚	3～5	562	948	349	948	312	948
	1、2	780	3853	922	890	718	326

身体的配色表

<table>
<tr><th>行</th><th>120</th><th>121</th><th>122</th><th>123</th><th>124</th><th>125</th></tr>
<tr><td>11</td><td>3822</td><td rowspan="11">899</td><td>598</td><td rowspan="11">334</td><td rowspan="6">3847</td><td rowspan="11">721</td></tr>
<tr><td>10</td><td rowspan="2">677</td><td rowspan="2">3765</td></tr>
<tr><td>9</td></tr>
<tr><td>8</td><td rowspan="3">3822</td><td rowspan="3">598</td></tr>
<tr><td>7</td></tr>
<tr><td>6</td></tr>
<tr><td>5</td><td rowspan="5">562</td><td rowspan="5">349</td><td rowspan="5">312</td></tr>
<tr><td>4</td></tr>
<tr><td>3</td></tr>
<tr><td>2</td></tr>
<tr><td>1</td></tr>
</table>

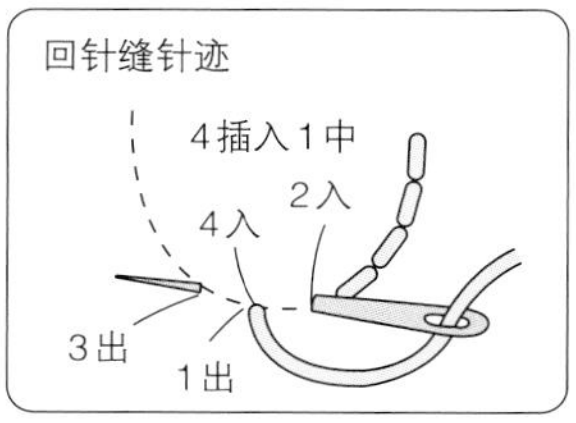

作品120～125 身体

※作品121、123、125从指定的位置挑针，钩织短裙（参照p90）。

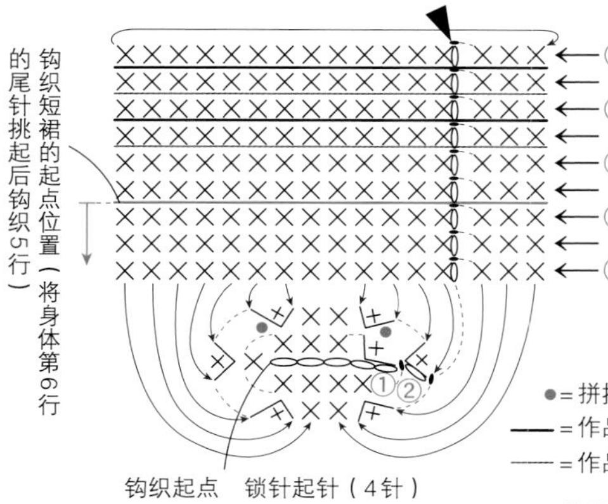

●＝拼接脚的位置

——＝作品120、124、125回针缝针迹的刺绣位置

——＝作品125 回针缝针迹的刺绣位置

※回针缝针迹的颜色参照p86的拼接方法。

作品121、123、125 短裙

作品121=562
作品123=334
作品125=721

<回针缝刺绣的位置>
作品123钩织完短裙后，在此位置用817逐一绣出回针缝针迹

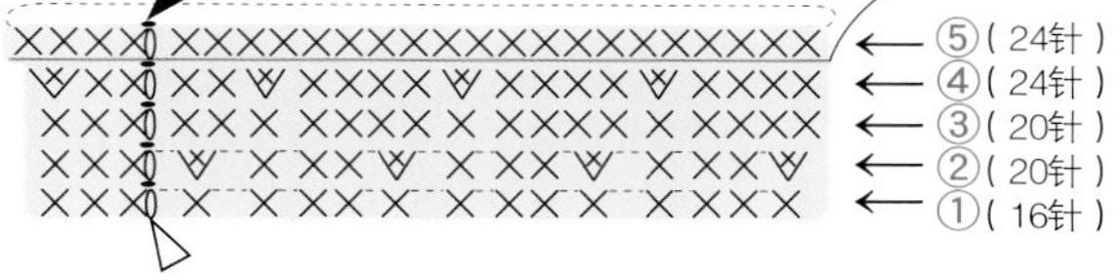

※在身体的第6行用短针钩织拼接16针（参照p90）。

头部和身体的拼接方法
14行
缝好
2行
拼接手、脚的位置
头部
1行
身体
拼接脚的位置参照身体的编织图
拼接眼睛、鼻子、嘴巴的方法
在眼睛（固眼）的底部涂上黏合剂，插入其中（参照p63）
鼻子 948
卷针绣针迹（缠4圈）
3针 3针
2行
3行
嘴巴 666
飞鸟绣针迹
※卷针绣针迹的刺绣方法参照p90，飞鸟绣针迹的刺绣方法参照p83。
作品123 蝴蝶结
817
钩织起点
锁针起针（2针）
头发的刺绣方法 ※参照p90
作品120
938
①这12个地方的头发从头顶开始刺绣到第11行
2针
直线缝针迹（绣4次）
3针
3行
②最后用直线缝针迹将中间的缝隙填满
鼻子
眼睛
=头顶至第7行绣出直线缝针迹（绣4次）
作品121
3031
这24个地方的头发从头顶开始刺绣到第12行
3行
4行
5行
2行
1针
=直线缝针迹（绣4次）
作品122
838
这13个地方的头发从头顶开始刺绣到第11行
1针
4行
6行
2行
1行
9针
=直线缝针迹（绣4次）
作品123
3371
这20个地方的头发从头顶开始刺绣到第11行
1针
5针
1针
3行
5针
=头顶至第6行进行刺绣
=直线缝针迹（绣4次）
▲ =拼接流苏的位置
作品124
898
这10个地方的头发从头顶开始刺绣到第10行
第2行至第7行进行刺绣
2行
1行
1行
3行
4行
2针
头顶至第6行进行刺绣
=直线缝针迹（绣3次）
作品125
300
这11个地方的头发从头顶开始刺绣到第12行
1行
1行
2针
2针
1行
1行
1行
=直线缝针迹（绣4次）
作品123
3371
后面
4行
1.5cm
流苏
缝上蝴蝶结
回针缝针迹
817
作品123
拼接流苏的方法
在拼接流苏的位置（▲）接入18根长4cm的编织线
作品124
898
后面
5行
回针缝针迹
603
作品120～125 拼接方法
作品120
938
后面
1针
4行
7cm
回针缝针迹
946
作品121
3031
后面
3行
法式结粒绣针迹948（缠3圈）
※法式结粒绣针迹的刺绣方法参照p68。
作品122
838
后面
4行
作品125
300
后面
3行
回针缝针迹 598

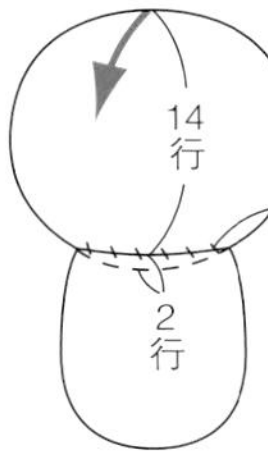

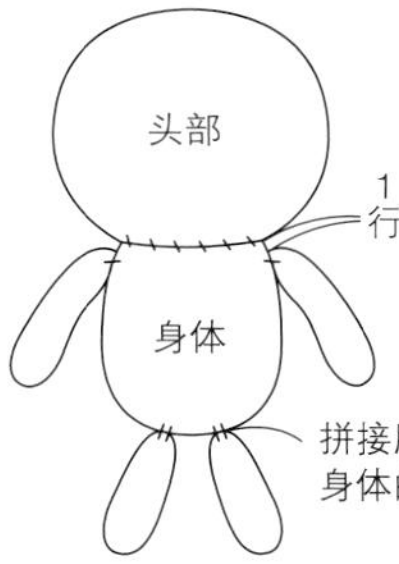

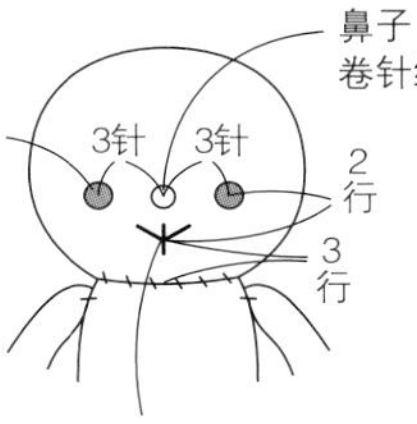

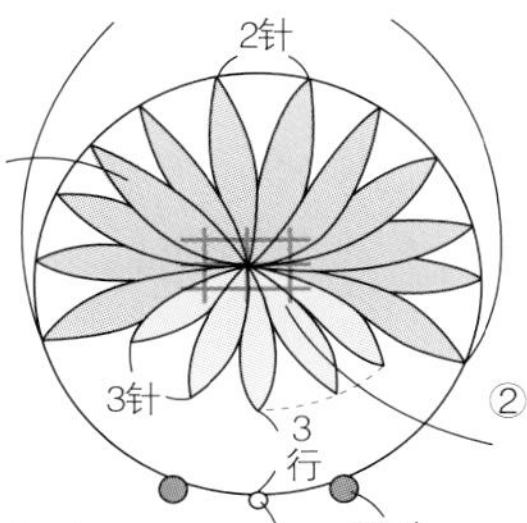

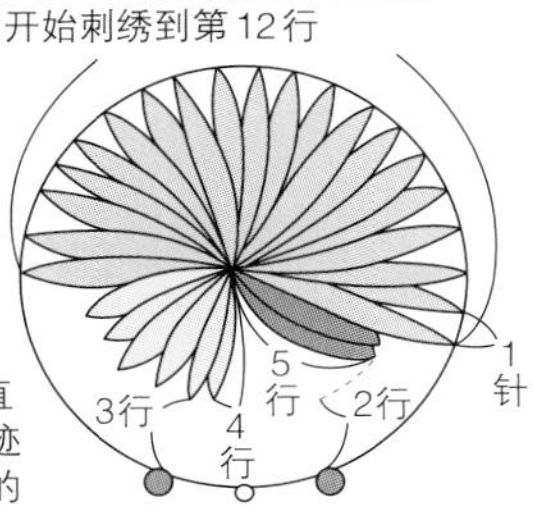

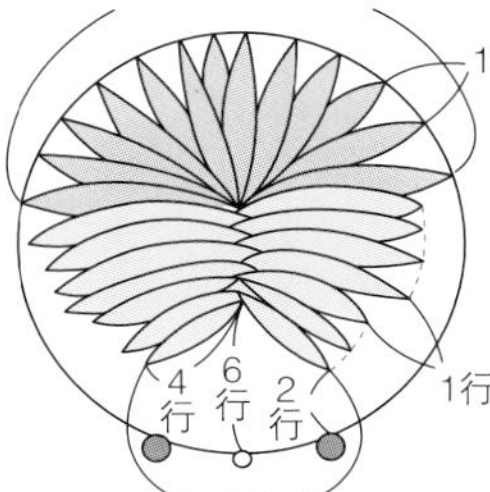

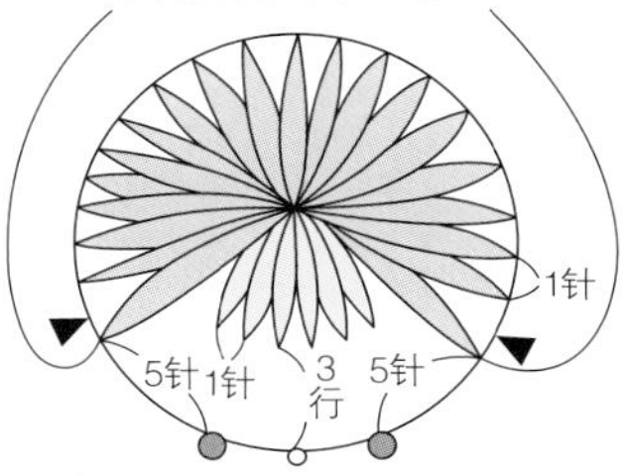

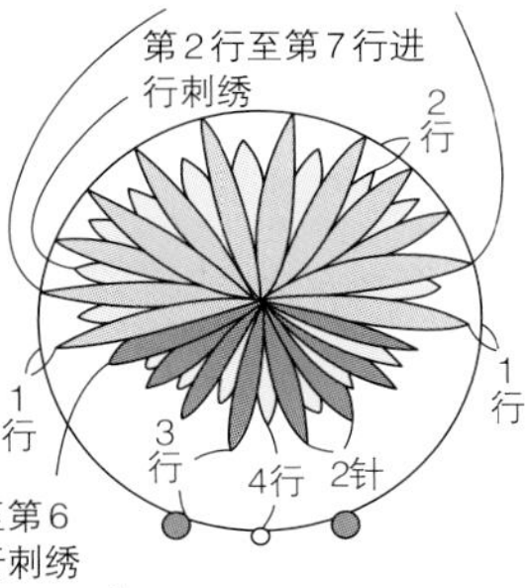

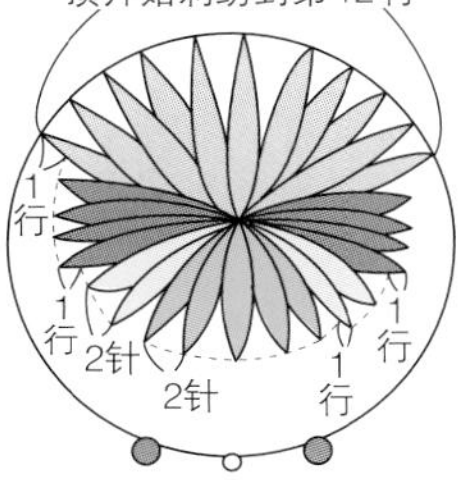

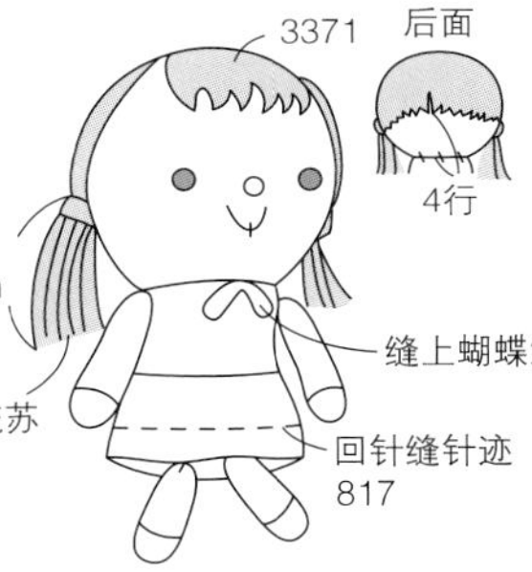

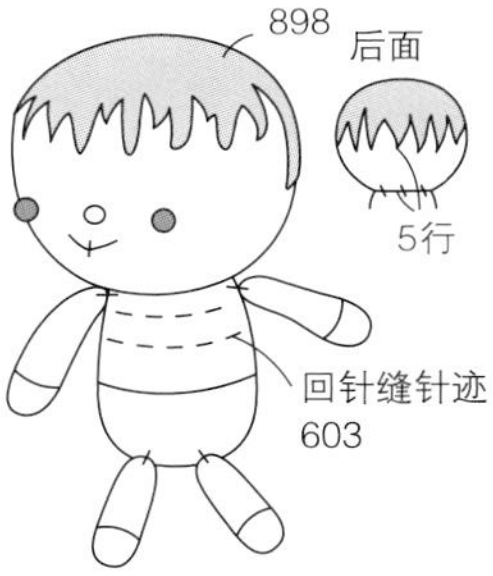

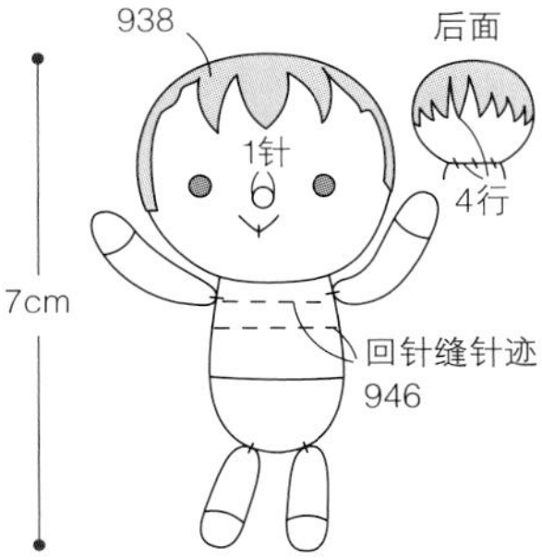

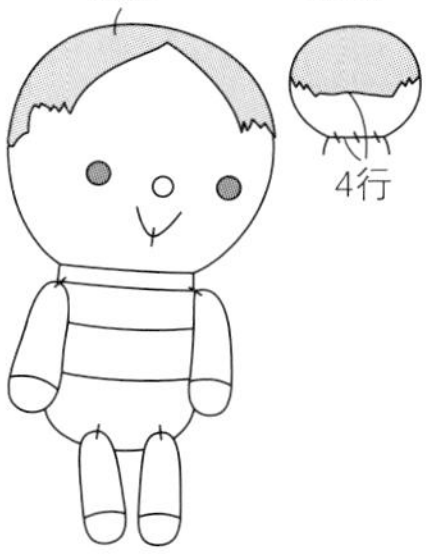

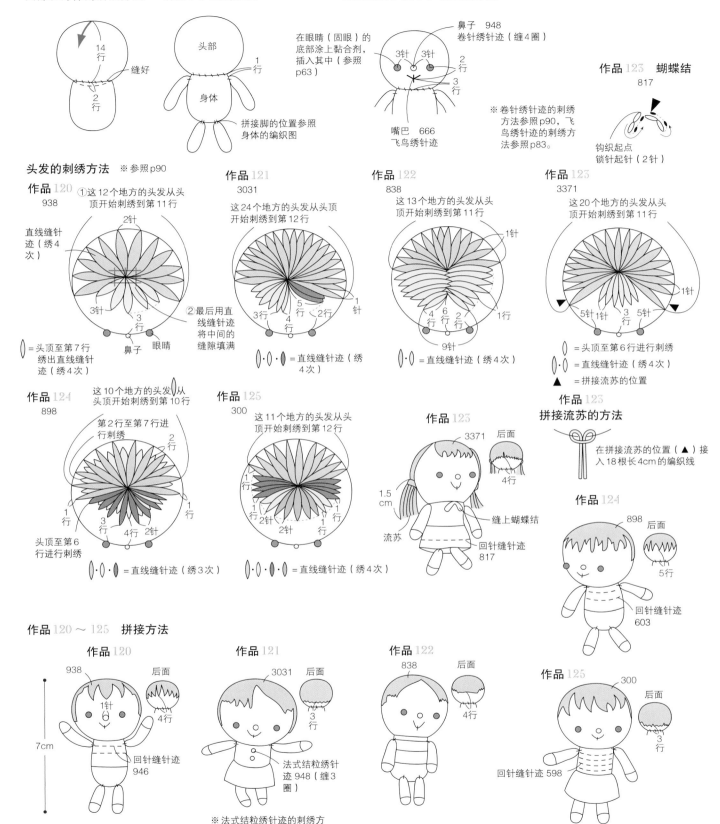

作品114～119　帽子的拼接方法　※帽子的尺寸相同。

作品114　大象

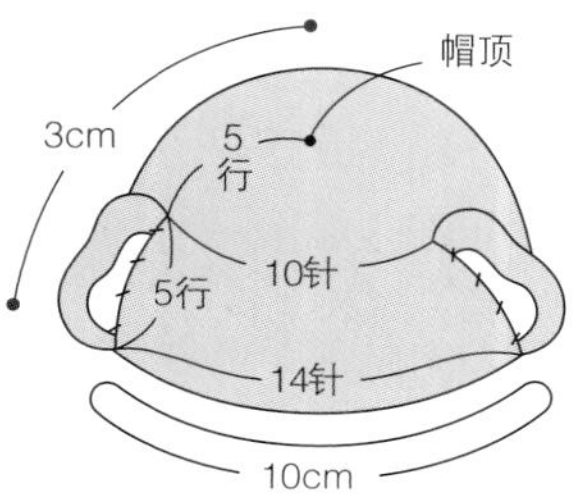

作品115　长颈鹿

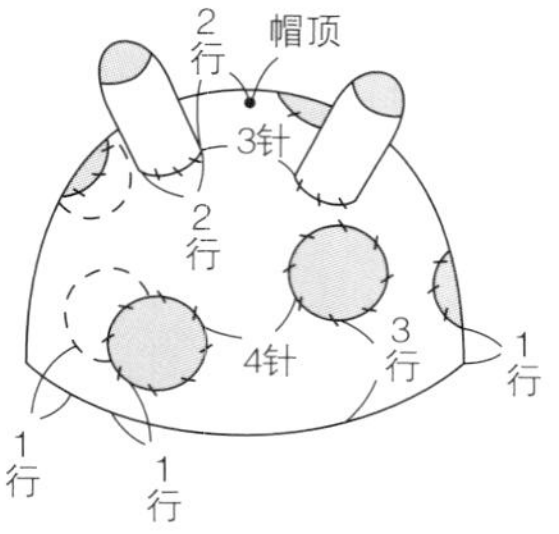

作品116　狐狸

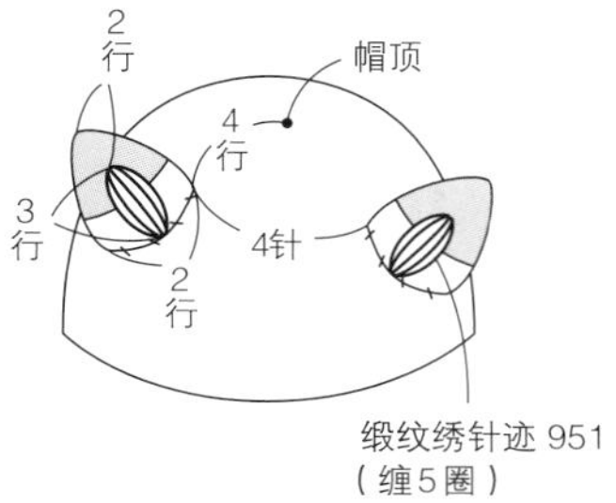

作品117　小兔子

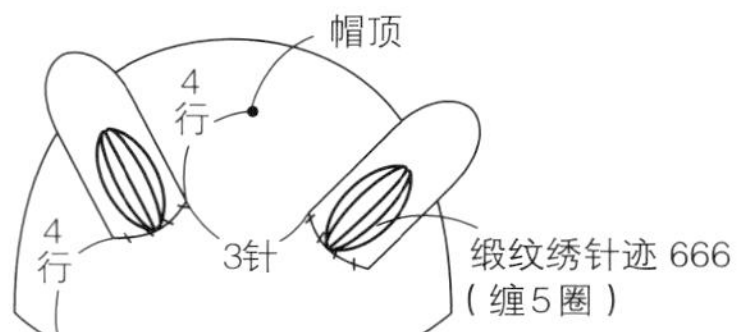

作品118　小猫

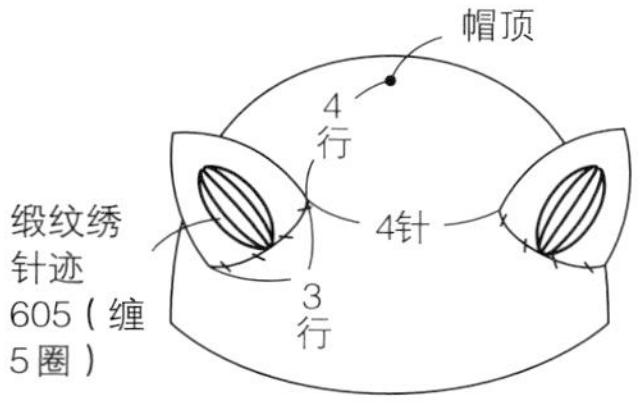

作品119　绵羊

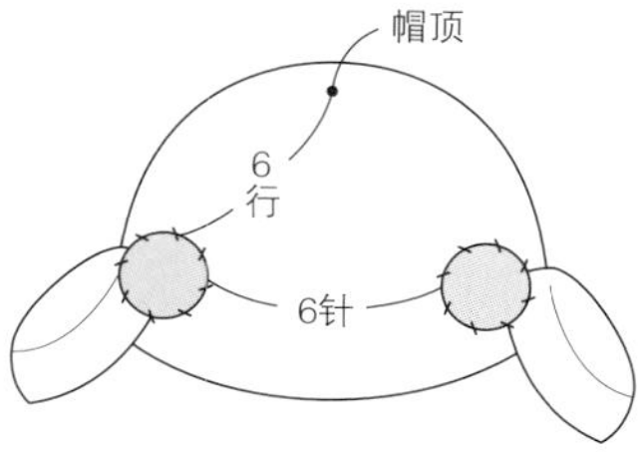

卷针绣针迹的刺绣方法

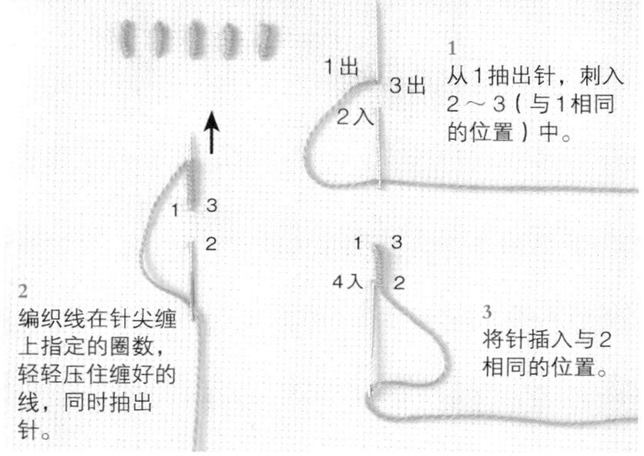

1 从1抽出针，刺入2～3（与1相同的位置）中。

2 编织线在针尖缠上指定的圈数，轻轻压住缠好的线，同时抽出针。

3 将针插入与2相同的位置。

重点课程

120～125　图片 p42、43　头发的刺绣方法　此处以作品124为例进行解说。

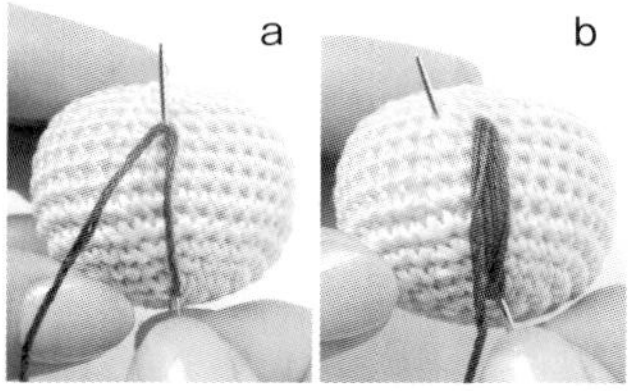

1　将指定颜色的1根刺绣线（6股线）穿入缝纫针中，从头顶开始在指定的位置绣出直线缝针迹（a）。在同一位置重复3次（除作品124以外均为4次）。刺绣完指定的次数后跳过1针，从第2针处穿出（b）。

2　按照相同的要领，隔一针后继续刺绣出指定次数的头发。线会散开，绣的时候不时拉紧一下。

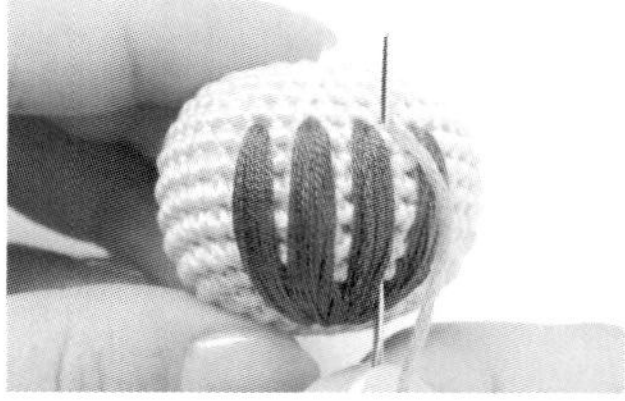

3　填满缝隙时也采用相同的方法。从头部的第2行处插入针，按照步骤1～2的方法，将之前跳过的针脚填满。

4　缝隙填满后如图。参照图，分阶段仔细刺绣（出现缝隙时，可适当增加刺绣的次数）。

121.123.125　图片 p42、43　短裙的钩织方法

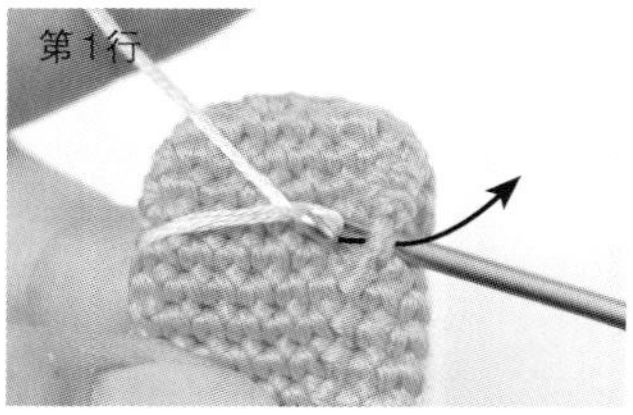

1　钩织完身体后，将钩针插入拼接钩织短裙的位置（身体第6行的尾针处），针尖挂线后引拔抽出，钩织出针脚。

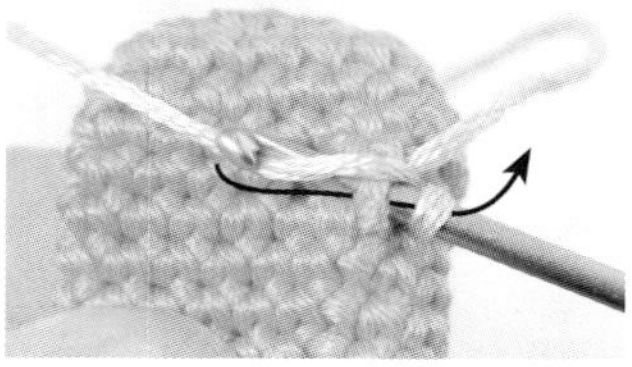

2　按照图片所示，将钩针逐一插入针脚中，钩织一周，共16针。

3　从第2行开始按照记号图继续钩织短针。第2行钩织完6针后如图。

4　钩织完短裙（5行）后如图。

准备材料

{编织线} DMC 25号刺绣线

作品114大象：蓝色系（3752），1.5束；粉色系（818），0.5束

作品115长颈鹿：黄色系（973），1.5束；茶色系（3857），1束

作品116狐狸：橙色系（3853），1.5束；茶色系（300），0.5束；粉红色系（951），少许

作品117小兔子：粉色系（894），1.5束；红色系（666），少许

作品118小猫：黑色系（310），1.5束；粉色系（605），少许

作品119绵羊：白色系（3865），1.5束；黄色系（725），0.5束

{针}

钩针2/0号

作品114～119 帽子主体

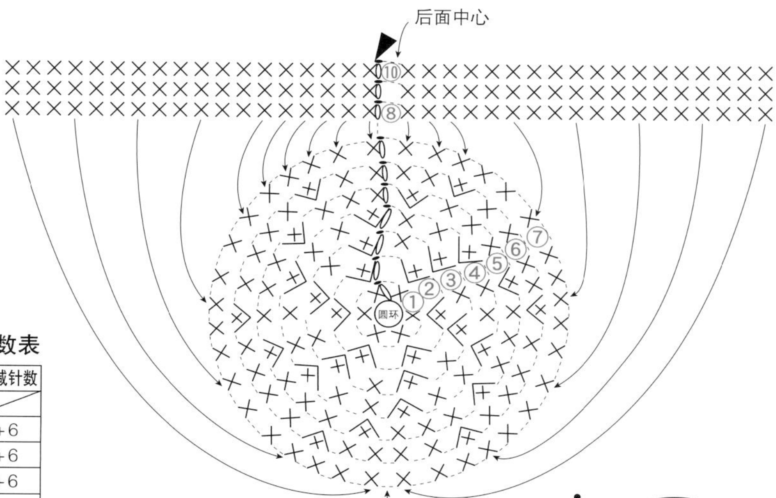

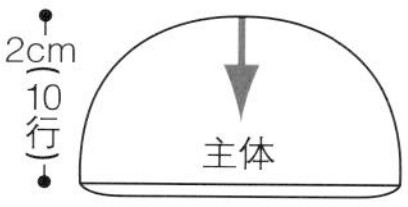

帽子主体的配色表

	主体	附属的各配件
114	3752	参照各部分的编织图
115	973	
116	3853	
117	894	
118	310	
119	3865	

帽子主体的针数表

行数	针数	加减针数
7～10	36	
6	36	+6
5	30	+6
4	24	+6
3	18	+6
2	12	+6
1	6	

作品114 大象的耳朵

2块

—— =818

—— =3752

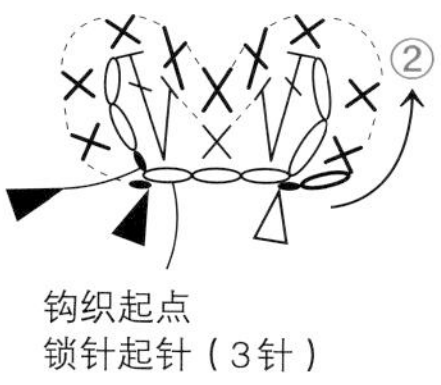

作品115 长颈鹿的耳朵

2块

—— =973

—— =3857

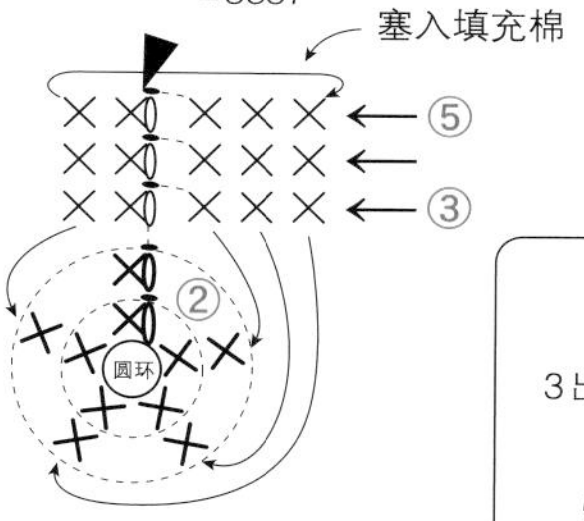

作品115 长颈鹿的花样

6块 3857

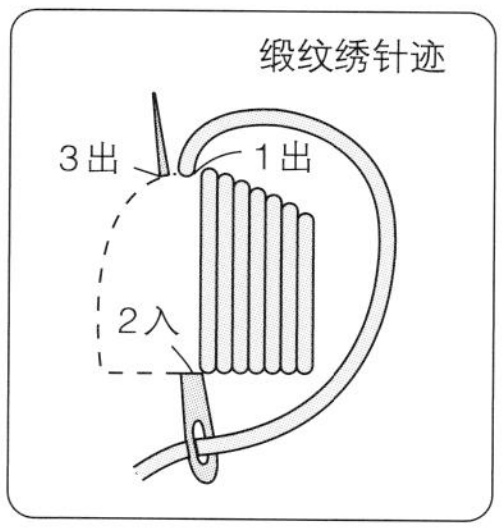

作品116 狐狸的耳朵

2块

—— =3853

—— =300

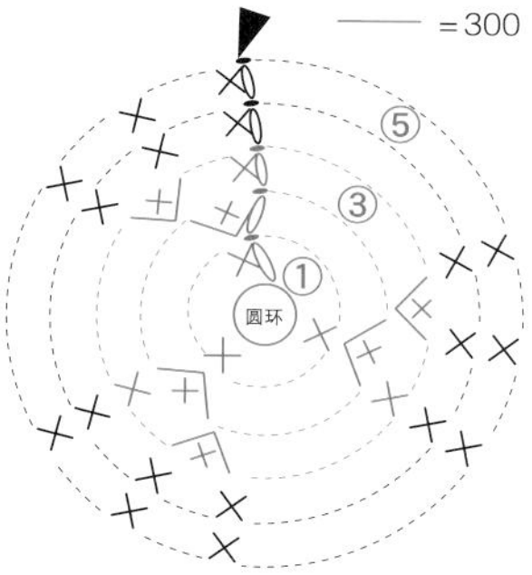

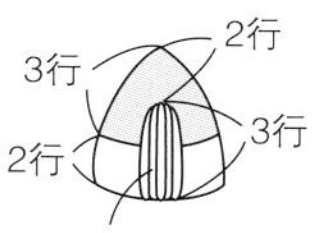

缎纹绣针迹 951
（缠5圈）

作品117 小兔子的耳朵

894 2块

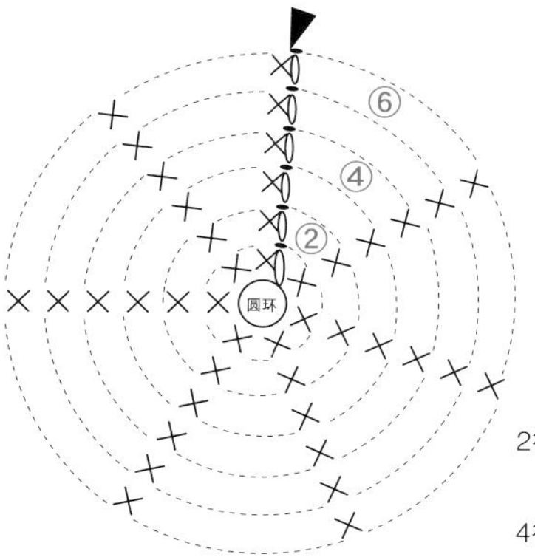

缎纹绣针迹 666
（缠5圈）

作品118 小猫的耳朵

310 2块

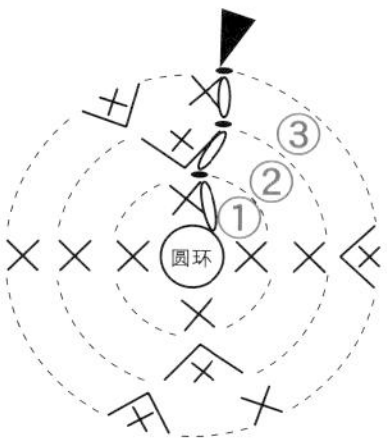

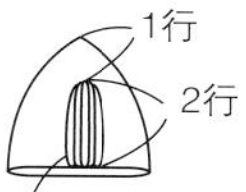

缎纹绣针迹 605
（缠5圈）

作品119 绵羊的耳朵

3865 2块

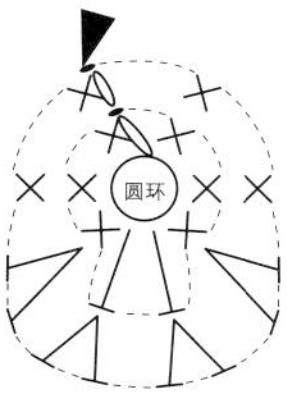

作品119 绵羊的犄角

725 2块

②立起针脚侧进行卷缝

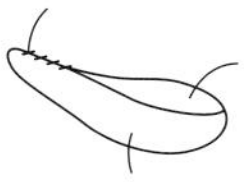

①正面朝外相对合拢对折

※ 帽子的拼接方法参照p90。

基础课程

记号图的看法

根据日本工业规格（JIS），所有的记号表示的都是编织物表面的状况。
钩针编织没有正面和反面的区别（拉针除外）。交替看着正反面进行平针编织时也用相同的记号表示。

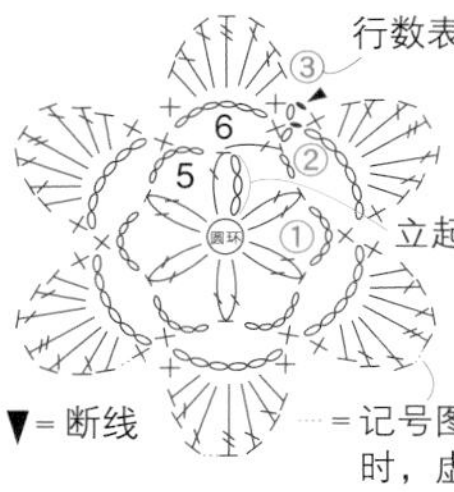

从中心开始钩织圆环时

在中心编织圆环（或是锁针），像画圆一样逐行钩织。在每行的起针处都进行立起钩织。通常情况下都面对编织物的正面，从右到左看记号图进行钩织。

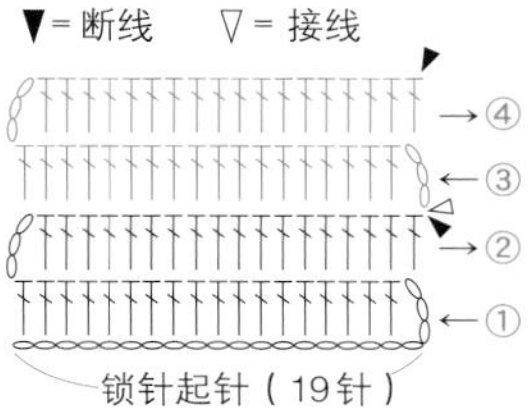

平针钩针时

特点是左右两边都有立起的锁针，当右侧出现立起的锁针时，将织片的正面置于内侧，从右到左参照记号图进行钩织。当左侧出现立锁针时，将织片的反面置于内侧，从左到右看记号图进行钩织。图中所示的是在第3行更换配色线的记号图。

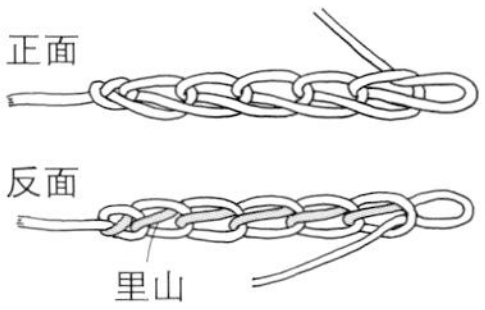

锁针的看法

锁针有正反之分。反面中央的一根线称为锁针的"里山"。

编织线和针的拿法

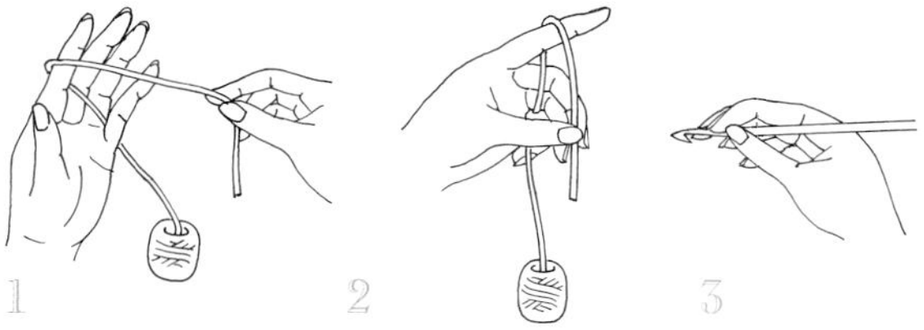

1. 将线从左手的小指和无名指间穿过，绕过食指，线头拉到内侧。
2. 用拇指和中指捏住线头，食指挑起，将线拉紧。
3. 用拇指和食指握住针，中指轻放到针头。

最初起针的方法

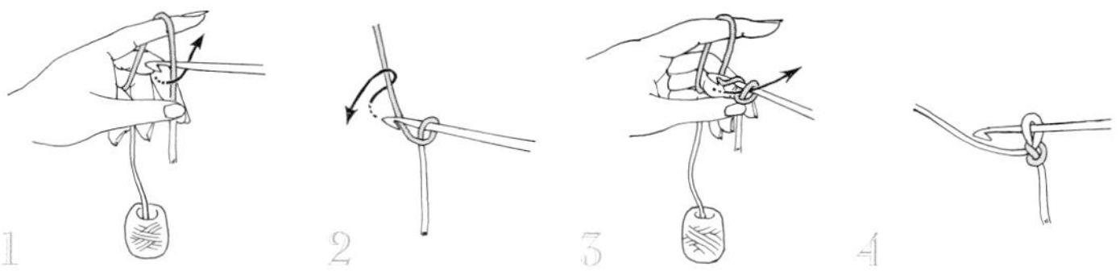

1. 针从线的外侧插入，调转针头。
2. 然后再在针尖挂线。
3. 钩针从圆环中穿过，在内侧引拔穿出线圈。
4. 拉动线头，收紧针脚，最初的起针完成（此针不计入针数）。

起针

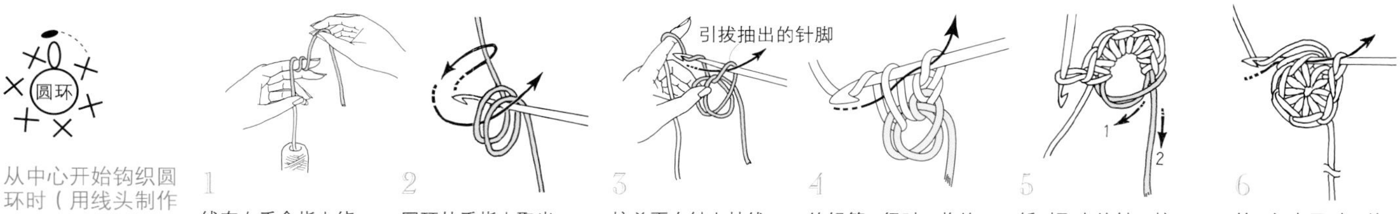

从中心开始钩织圆环时（用线头制作圆环）

1. 线在左手食指上绕两圈，形成圆环。
2. 圆环从手指上取出，钩针插入圆环中，再引拔将线抽出。
3. 接着再在针上挂线，引拔抽出，钩织1针立起的锁针。
4. 钩织第1行时，将钩针插入圆环中，织入必要数目的短针。
5. 暂时取出钩针，拉动最初圆环的线和线头，收紧线圈。
6. 第1行末尾时，钩针插入最初短针的头针中，挂线后引拔钩织。

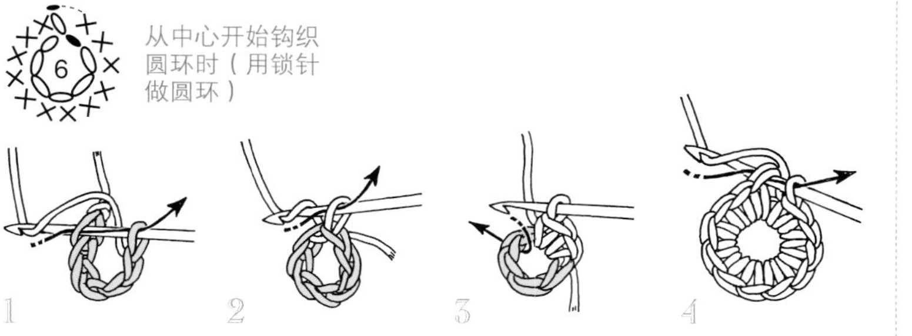

从中心开始钩织圆环时（用锁针做圆环）

1. 织入必要针数的锁针，然后把钩针插入第1针锁针的半针中，引拔抽出。
2. 针尖挂线后引拔抽出线。此即1针立起的锁针。
3. 钩织第1行时，将钩针插入圆环中心，锁针成束挑起后再织入必要针数的短针。
4. 第1行的钩织终点处，将钩针插入最初短针的头针中，挂线后引拔钩织。

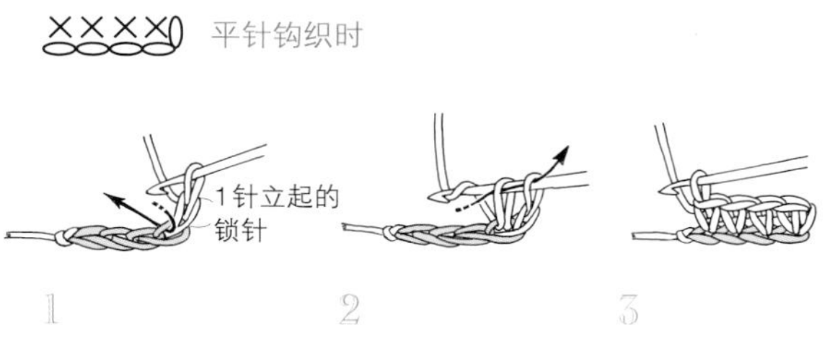

平针钩织时

1. 织入必要针数的锁针和立起的锁针，钩针插入顶端数起的第2针锁针中，挂线后引拔抽出。
2. 针尖挂线后再按照箭头所示引拔抽出线。
3. 第1行钩织完成后如图。（立起的1针锁针不计入针数）。

将上一行针脚挑起的方法

即便是同样的枣形针，根据不同的记号图挑针的方法也不相同。记号图的下方封闭时表示在上一行的同一针中钩织，记号图的下方开合时表示将上一行的锁针成束挑起钩织。

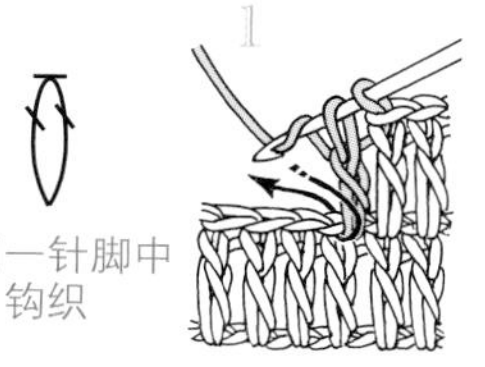

在同一针脚中钩织

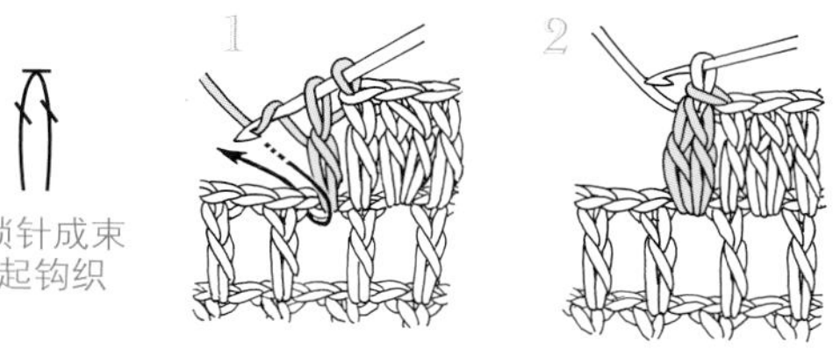

将锁针成束挑起钩织

针法符号

○ 锁针

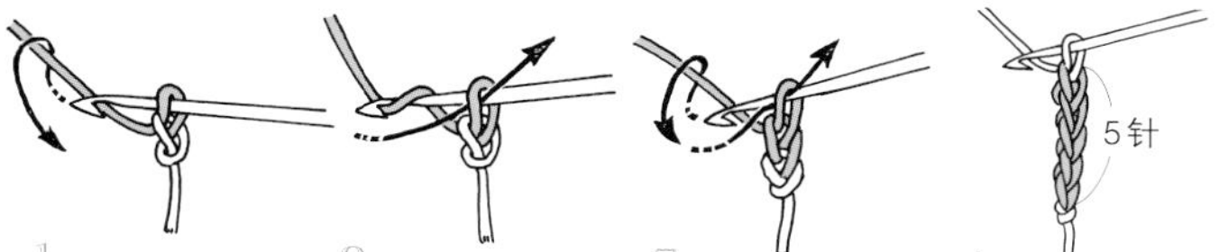

1 钩织最初的针脚，在针尖挂线。

2 引拔抽出挂在针上的线。

3 按照同样的方法重复步骤1和2，继续钩织。

4 钩织完5针锁针。

● 引拔针

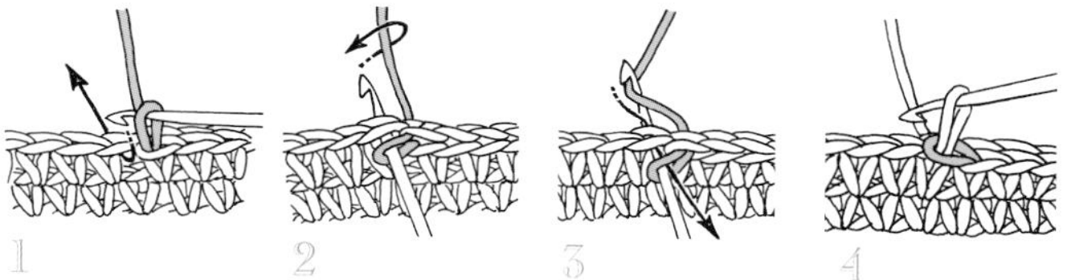

1 钩针插入上一行的针脚中。

2 针尖挂线。

3 一次性引拔抽出线。

4 完成1针引拔针。

× 短针

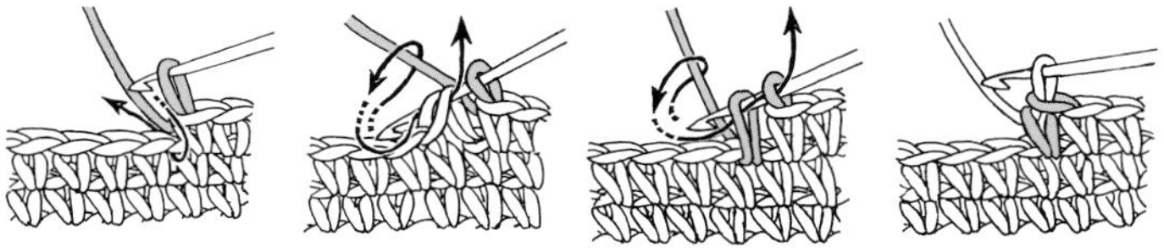

1 钩针插入上一行的针脚中。

2 针尖挂线，从内侧引拔穿过线圈（引拔抽出后的状态成为未完成的短针）。

3 再次在针尖挂线，一次性引拔穿过2个线圈。

4 完成1针短针。

T 中长针

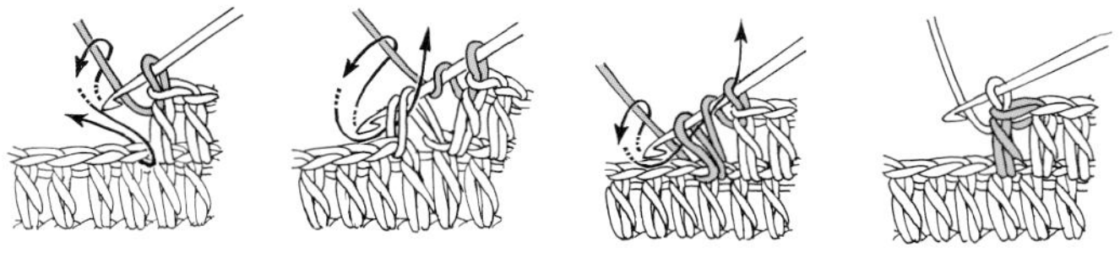

1 针尖挂线后，将钩针插入上一行的针脚中。

2 再次在针尖挂线，从内侧引拔穿出（引拔抽出后的状态称为未完成的中长针）。

3 针尖挂线，一次性引拔穿过3个线圈。

4 完成1针中长针。

长针

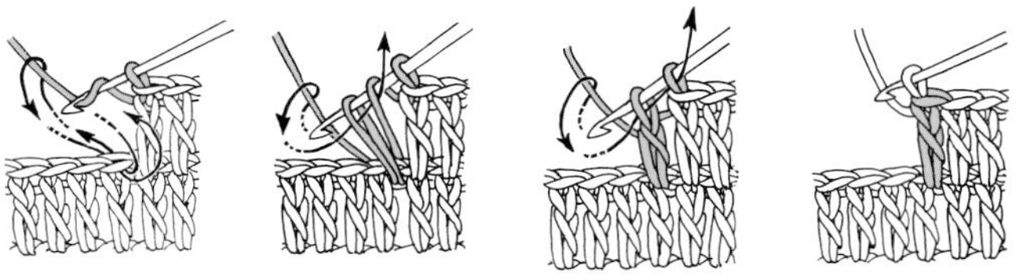

1 针尖挂线后，将钩针插入上一行的针脚中。然后再次挂线，从内侧引拔穿过线圈。

2 按照箭头所示，在针尖挂线，引拔穿过2个线圈（此状态称为未完成的长针）。

3 再次在针尖挂线，引拔穿过剩下的2个线圈。

4 完成1针长针。

长针3针的枣形针

※ 除3针以外，枣形针的针法都是按照相同的要领，在上一行的1个针脚中织入指定针数的未完成的长针（参照p93），然后再真假挂线，一次性引拔穿过针上的线圈。

※ 除长针以外，枣形针均是按照相同的要领钩织。

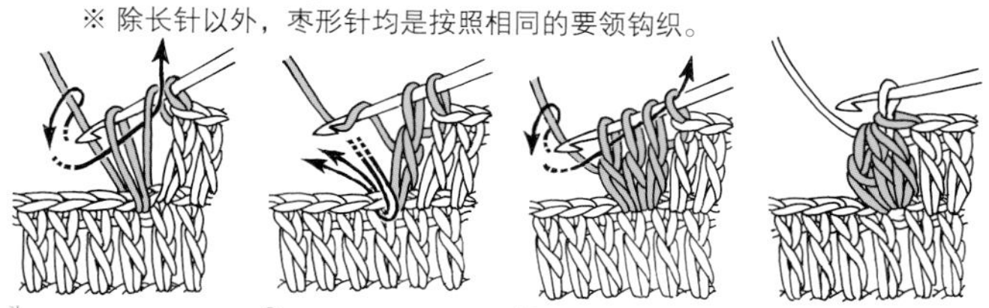

1 在上一行的针脚中织入1针未完成的长针。

2 再将钩针插入同一针脚中，继续织入2针未完成的长针。

3 针尖挂线，一次性引拔穿过针上的4个线圈。

4 长针3针的枣形针钩织完成。

短针1针分2针

短针1针分3针

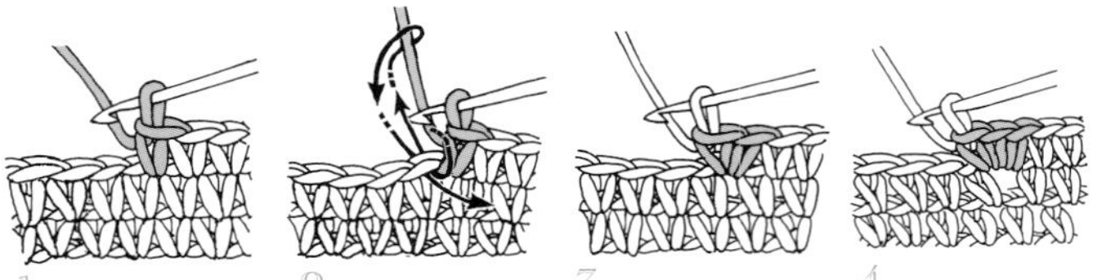

1 钩织1针短针。

2 再次将钩针插入同一针脚中，引拔抽出线圈，织入短针。

3 织入2针短针后如图。同一针脚中多织入了1针短针。

4 上一行的一个针脚中织入了3针短针，呈比上一行多1针的状态。

短针2针并1针

※除2针以外，都是按照相同的要领织入指定针数的未完成的短针（参照p93），然后再真假挂线，一次性引拔穿过针上的线圈。

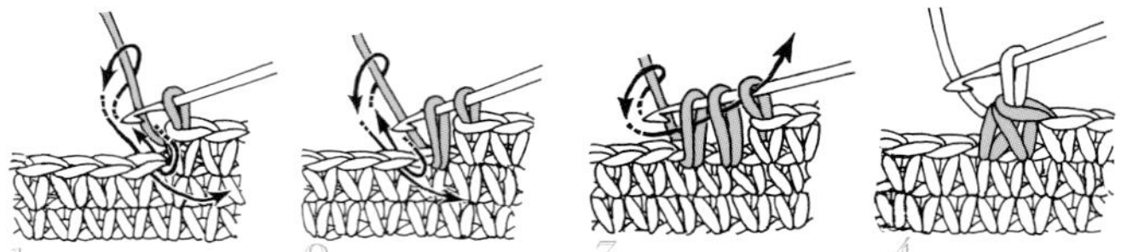

1 按照箭头所示，将钩针插入上一行的针脚中，引拔抽出线圈。

2 之后的针脚也按照同样的方法引拔抽出线圈。

3 针尖挂线，一次性引拔穿过3个线圈。

4 短针2针并1针完成，呈比上一行少1针的状态。

长针1针分2针

※除2针和长针以外，都是按照相同的要领在上一行的1个针脚中织入指定针数的指定针法。

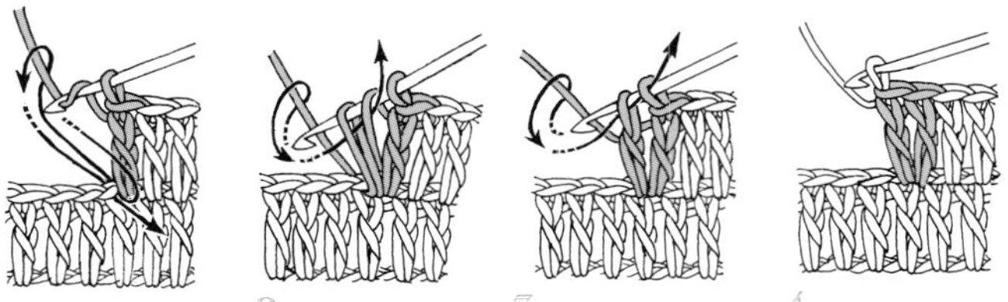

1 钩织1针长针。然后在针尖挂线，再将钩针插入同一针脚中，挂线后引拔抽出。

2 针尖挂线，引拔穿过2个线圈。

3 再次在针尖挂线，一次性引拔穿过剩余的2个线圈。

4 在1个针脚中织入2针长针后如图，呈比上一行加1针的状态。

长针2针并1针

※除2针以外，都是按照相同的要领织入指定针数的未完成的短针（参照p93），然后再真假挂线，一次性引拔穿过针上的线圈。

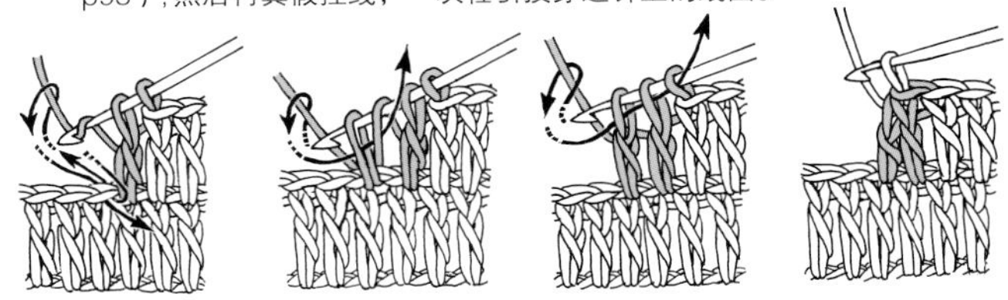

1 在上一行的1个针脚中织入1针未完成的长针，然后按照箭头所示，将钩针插入下面的针脚中，引拔抽出线。

2 针尖挂线，引拔穿过2个线圈，钩织第2针未完成的长针。

3 再次在针尖挂线，按照箭头所示，一次性引拔穿过3个线圈。

4 长针2针并1针完成，呈比上一行少1针的状态。

锁针3针的引拔小链针

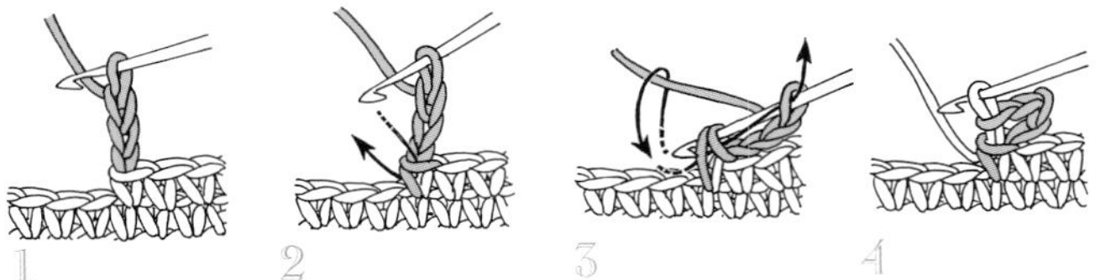

1 织入3针锁针。

2 钩针插入短针的头针半针和尾针的1根线中。

3 针尖挂线，按照箭头所示一次性引拔穿过线圈。

4 锁针3针的引拔小链针钩织完成。

短针的条针

※每行均沿同一方向钩织，织入短针的条针。
※除短针以外，棱针都是按照同样的要领，将上一行的外侧半针挑起，织入指定的针法。

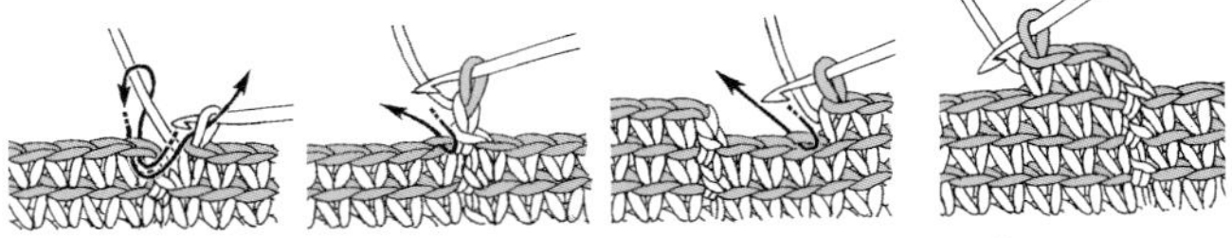

1 每行均是看着正面钩织。钩织一圈短针后，在最初的针脚中进行引拔钩织。

2 钩织1针立起的锁针，将上一行的外侧半针挑起，织入短针。

3 用同样的方法，重复步骤2，继续钩织短针。

4 上一行的内侧半针形成条状。钩织完第3行短针的条针后如图所示。

其他基础索引

无立起针脚钩织圆形的方法 （旋涡状钩织）此处以作品98、99为例进行解说。

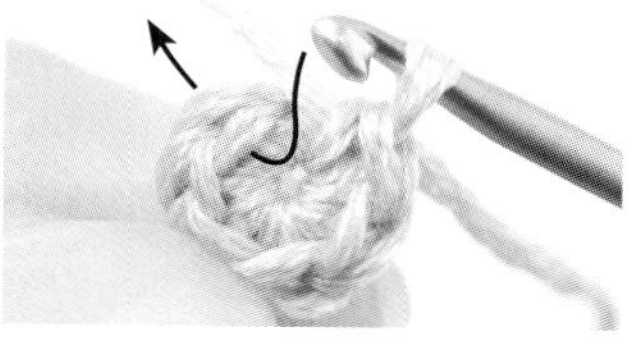

1 钩织完第1行的第6针。钩织第2行时，按照箭头所示，接着第1针将短针钩织成旋涡状。

2 第2行的第1针短针钩织完成后如图。

3 钩织完第2行、第3行的第1针后如图。无须钩织立起的针脚，直接进入下一行的钩织，所以织片呈旋涡状。

4 步骤3第3行的第1针处做出（★）的印记。之后，当每行的第1针移动到印记处时，便可轻松地看出已经钩织了多少行，避免在钩织过程中找不到最初的针脚。

配色条纹的换线方法

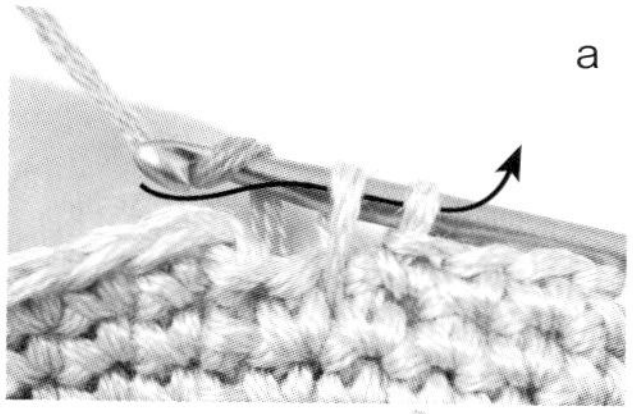

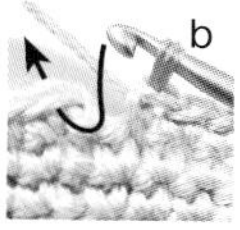

1 用原线钩织最后的针脚时，先织入未完成的短针（参照p93），然后按照箭头所示，将配色线挂到钩针上，引拔钩织（a），将编织线换成配色线。替换后如图（b）。

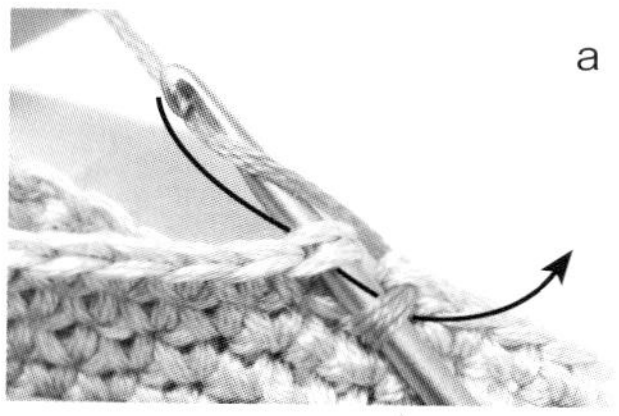

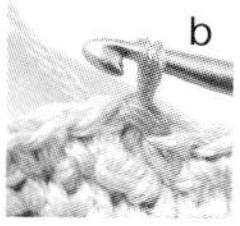

2 按照箭头所示，将钩针插入步骤1图b的第1针中，挂上配色线（a），一次性引拔抽出（b）。

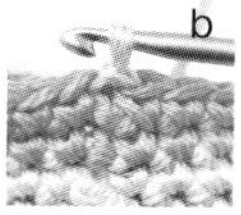

3 用配色线钩织2行。用配色线钩织行间最后的针脚时，按照步骤1、2的方法，换成原线（b）。

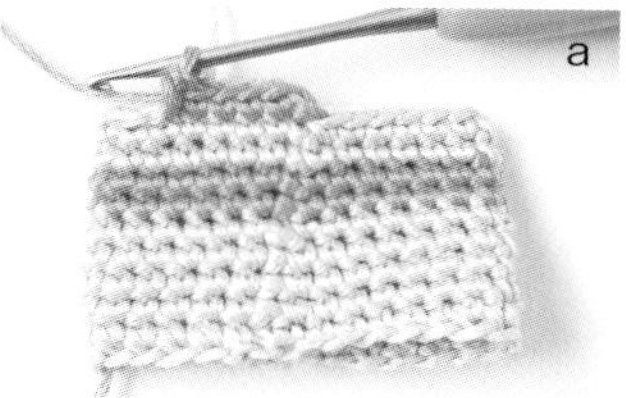

4 继续用原线钩织2行，按照步骤3的方法用原线钩织行间的最后针脚时，参照步骤1、2进行换线（a）。替换之后配色线的线头在下一次配色时往上拉起，继续钩织（b）。

小球的拼接方法 此处以作品120～125的头部为例进行解说。

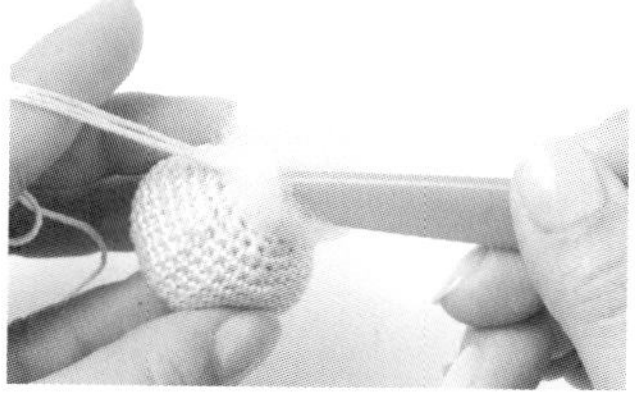

1 钩织完第15行，塞入填充棉。

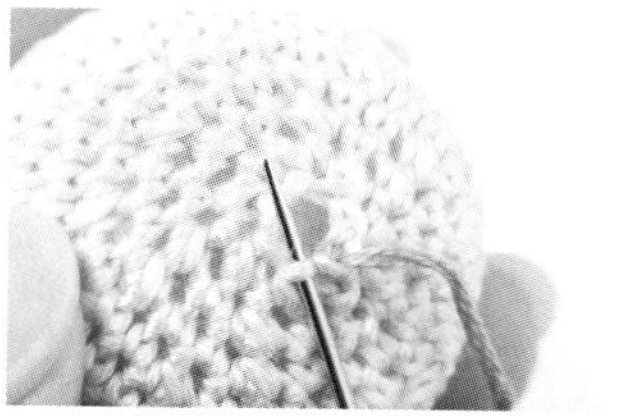

2 钩织第16行，线头穿入缝纫针中（此处为了便于说明，选用了其他线进行解说）。

3 用缝纫针将最终行的针脚逐一挑起。

4 拉紧线，调整形状，处理线头。

卷缝

针脚与针脚缝合

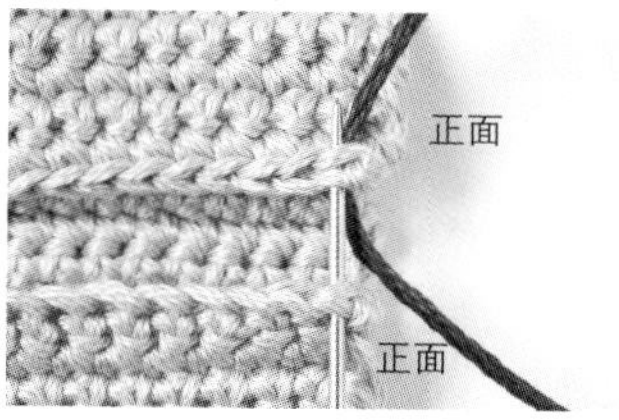

1 织片的正面与正面相接，交替用缝纫针将两根交替挑起。仅两端的针脚来回穿两次。

2 逐一挑起每个针脚，注意不要挑乱。此处为了便于清晰地说明，针迹较为松弛，实际缝合时要将线拉紧。

行与行缝合

1 将织片顶端的两根线逐行挑起。

2 此处为了便于清晰地说明，针迹较为松弛，实际缝合时要将线拉紧。

基础课程

刺绣线的使用方法

1 抽出线头。压住左端的线圈，慢慢抽出，可以避免刺绣线打结。

2 25号刺绣线是6根细线捻合而成。本书的作品均是将6股线作为1根使用。

3 标签上有颜色号。不够时，需要购买同色号刺绣线，所以事先要记住刺绣线标签上的色号。

拆分线

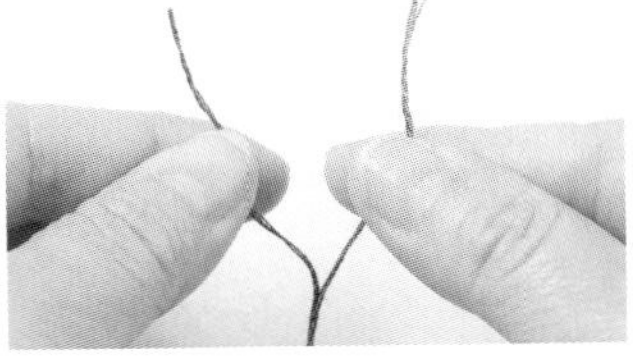

本书中使用的是捻合而成的1根线（6股线），将其分成2～3根使用时即称为拆分线。缝合各部分、纽扣时，需要用细一些的刺绣线。将线剪成30cm左右，拆开时比较容易。

眼睛（串珠）的缝法

1 缝纫线（或者是刺绣线的拆分线）穿入缝纫针中，打结。将织片挑起，从圆环中穿入针，拉紧。

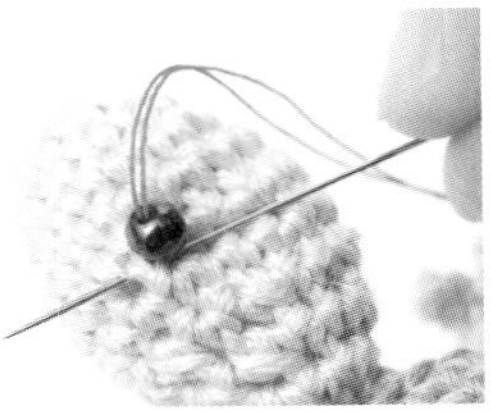

2 重复两次“将针穿入串珠中，挑起织片”，拼接眼睛。

3 再把针穿入另一只眼睛的位置，按同样的要领拼接眼睛。

各种眼睛配件的介绍

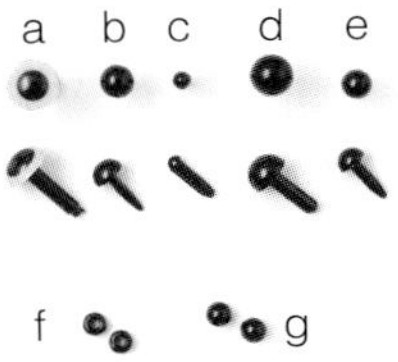

除了玩偶专用的眼睛（a～e）以外，还可以选择设计、大小各异的串珠（f、g）做眼睛。

※ 与玩偶专用眼睛有关的问题请参见p3。

a HAMANAKA透明眼
b、c HAMANAKA固眼
d、e 日本玩偶协会插入型的眼睛
f 圆形大串珠
g 珍珠串珠

用作装饰品时

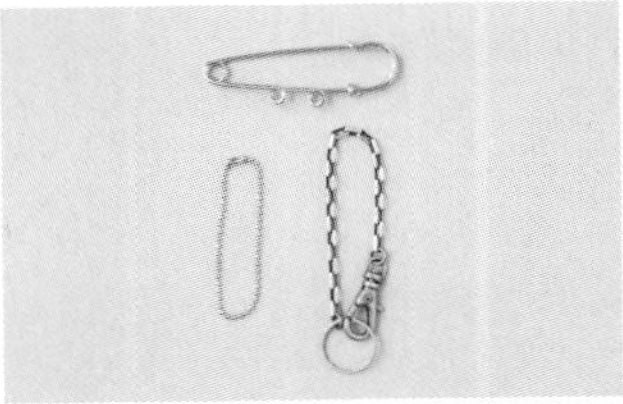

1 选择自己喜欢设计，别针或金属挂链都可以。

2 用圆形扣将金属配件和玩偶拼接。圆形扣前后错开，将织片的针脚挑起，插入其中。

3 合拢圆形扣，穿上自己喜欢的金属配件即可。不用圆形扣的话，也可以用线将金属配件缝到玩偶上。

钩针日制针号换算表

日制针号	钩针直径	日制针号	钩针直径
2 / 0	2.0mm	8 / 0	5.0mm
3 / 0	2.3mm	10 / 0	6.0mm
4 / 0	2.5mm	0	1.75mm
5 / 0	3.0mm	2	1.50mm
6 / 0	3.5mm	4	1.25mm
7 / 0	4.0mm	6	1.00mm
7.5 / 0	4.5mm	8	0.90mm